Aviation Bookstore
aviation step by step

AF871355

Turbinas

Aeronáuticas

Aviation Bookstore
aviation step by step

Edición 2

Editado y publicado por Nuria Rocio Balduzzi Raimondi
Aviation Bookstore ®

Introducción

La transición de los motores alternativos a pistón a los motores a reacción, suele ser un gran paso en la carrera de todo piloto de avión.

Las turbinas o motores a reacción ofrecen prestaciones diferentes a los motores alternativos de explosión, o motores a pistón. No sólo la potencia que entregan las turbinas es superior sino que también la posibilidad de volar a altitudes muy superiores a los motores alternativos.

En esta obra aprenderás todos los principios básicos de funcionamiento de una turbina junto con los principales componentes que integran a este tipo de motores, y el paso a paso de la transición de un motor a otro.

Capt. Facundo Conforti

Aviation Bookstore
aviation step by step

Aviation Bookstore
aviation step by step

Índice

Capítulo 4 – Motores de Airbus A320 y Boeing B737

Capítulo 5 – Performance de motores a reacción

Aviation Bookstore
aviation step by step

Capítulo 1

Sistemas del motor a reacción

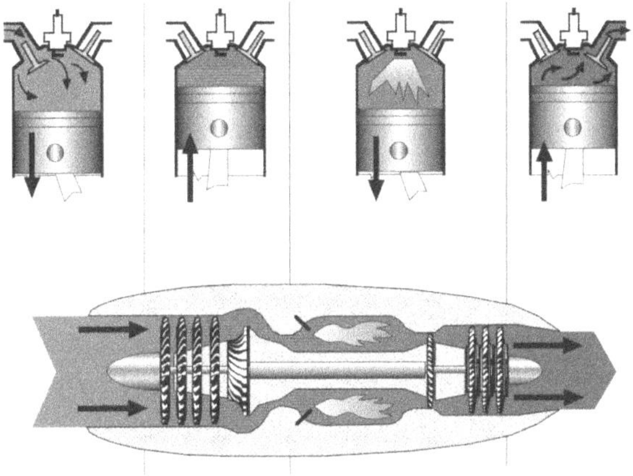

Aviation Bookstore
aviation step by step

Principios básicos

La física define a la propulsión cómo la acción o movimiento generado a partir de una fuerza determinada que empuja o da impulso a algo. Más precisamente, en la aviación, es la fuerza que empuja al avión para que este tenga velocidad y de ese modo consiga generar sustentación.

Las aeronaves se encuentran propulsadas por dos tipos distintos de motores, que responden a su vez, a dos principios de la termodinámica. Por más que encontremos variantes, como las que se muestra en el gráfico a continuación. Los principios de funcionamiento son dos.

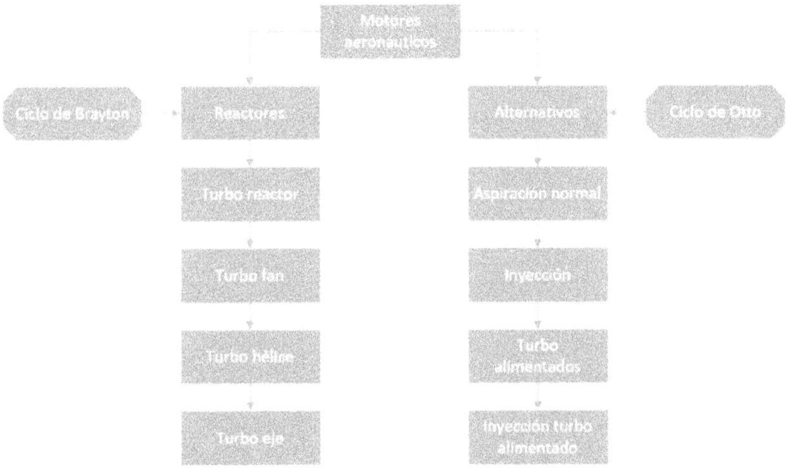

Los motores alternativos utilizados en la aviación ya tienen más de un siglo de desarrollo. Desde el primer vuelo de los hermanos Wright hasta la actualidad evolucionaron y fueron avanzando en la confiabilidad en paralelo al desarrollo. Los motores a reacción utilizan los principios de las leyes físicas de Newton y el ciclo termodinámico de Brayton para generar empuje. Entre los motores a reacción más utilizados en la aviación, podemos encontrar los siguientes:

• Turbo reactor (turbojet): fue el primero en desarrollarse y equipar a distintos tipos de aeronaves (civiles y militares). Su origen data de 1930 en Alemania. El motor consiste en un sistema de entrada de aire, una etapa de compresor, una de combustión y otra de turbina impulsada por los gases de escape; ese funcionamiento es el que generaba el empuje que propulsaba a las aeronaves. Un ejemplo típico de este tipo de motor es el Pratt Whitney JT3D que propulsaba a los Boeing 707, Douglas DC-8, Boeing B52, entre otras aeronaves de gran porte.

• Turbo fan: es la evolución del turbo reactor. Si bien posee el mismo principio de funcionamiento, estos motores poseen doble etapa de compresión y expansión de los gases. También cabe remarcar que la combustión en las cámaras se produce solo con un porcentaje del aire que ingresa al motor, el restante pasa por un ducto libre y se une junto con los gases de escape, para conformar el empuje total. Este tipo de motor es el más utilizado en la actualidad en las aeronaves de gran porte. Un ejemplo típico es la serie de motores Rolls Royce Trent, que en sus distintas versiones, propulsan desde los Boeing 757, MD-11, hasta el moderno Boeing 787 Dreamliner (versión Trent 1000).

- Turbo hélice: es un tipo de motor que revolucionó la aviación. Se trata de un reactor que, en vez de producir gases de escape que, a su vez, generan empuje; produce trabajo mecánico que impulsa un eje. Ese eje mueve una caja reductora que impulsa a la hélice. Es el tipo de propulsión más utilizada en aeronaves de medio porte para transporte y entrenamiento. El ejemplo más saliente de este motor es el Pratt Whitney PT6, un turbohélice que equipa desde aeronaves de fumigación aérea como el Air Tractor AT-600 hasta un avión multipropósito de transporte como el Cessna 208 Gran Caravan.

• Turbo eje: no es ni más ni menos que el motor turbohélice adaptado para impulsar las cajas de transmisión de los helicópteros. El motor Turbomeca Arriel es un claro ejemplo, este motor en sus distintas variantes, impulsa a los helicópteros Eurocopter AS 350 B2, AS 350B3, entre otros.

En este libro nos centraremos en los principios de funcionamiento, componentes, particularidades y protección de los motores alternativos (o recíprocos); propulsión utilizada en la gran mayoría de las aeronaves livianas de aviación general. Por lo tanto, empezaremos explicando cual es el principio fundamental del motor alternativo... el Ciclo de Otto.

¿Qué es el Ciclo de Otto?

Antes de responder la pregunta, debemos entender un concepto clave: termodinámica. Es la rama de la física que estudia la interacción entre la temperatura y las distintas manifestaciones de la energía; y desde allí todos los procesos de interacción de estas dos variables. Dicho esto, pasemos al Ciclo de Otto.

El Ciclo de Otto es un ciclo termodinámico que describe el principio físico de funcionamiento de los motores de combustión interna (alternativos o recíprocos en la aviación). Este ciclo fue descubierto en 1876 por el ingeniero alemán Nicolaus Otto (1832-1891) que luego lo aplicó en la invención del primer motor de combustión interna.

Este principio termodinámico rige los motores de combustión interna de dos tiempos y los de cuarto tiempos; en los de cuatro están incluidos los motores diésel. A los efectos del presente libro, nos centraremos en el ciclo de cuatro tiempos, que es el que utilizan los motores alternativos de aviación.

El Ciclo de Otto para motores de cuatro tiempos consta de cuatro instancias o tiempos. Ellos están divididos en: admisión, compresión, combustión y expansión (o escape). En el siguiente gráfico se puede ver cómo se presentan los cuatro tiempos dentro del conjunto cilindro, pistón, cigüeñal.

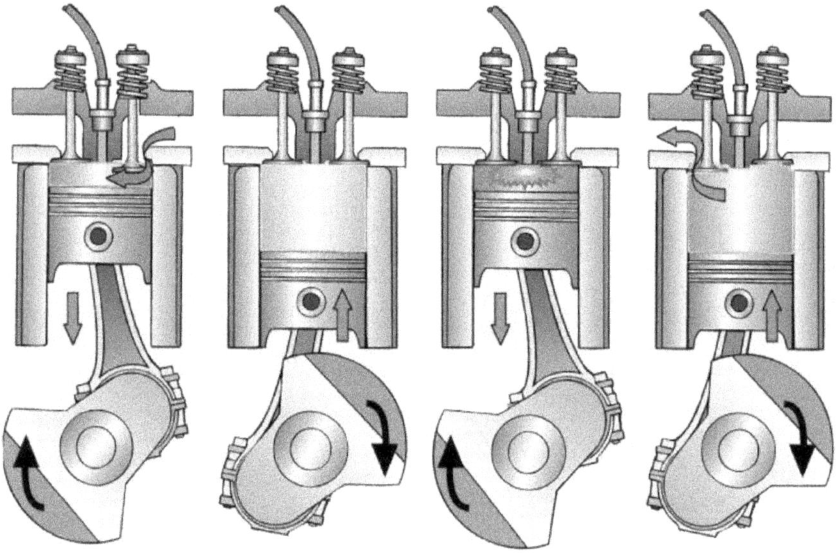

Admisión **Compresión** **Combustión** **Expansión**

Los cuatro tiempos que se observan en la figura anterior comprenden el proceso de secuencia que se da en cada uno de los cilindros del motor. El trabajo generado por cada uno de los pistones, es el que impulsa al cigüeñal para producir el posterior giro de la hélice, y consecuentemente, el efecto aerodinámico que propiciará la propulsión final del avión. Vamos en detalle cómo se produce este fenómeno.

El principio de los cuatro tiempos del motor se produce en una sola vuelta o rpm. Es decir, en una giro completo del cigüeñal se dan los cuatro pasos que a continuación se detallan:

Admisión

Al abrirse la válvula de admisión del cilindro, mientras que la de escape permanece cerrada, ingresa la masa de aire a la cámara del cilindro. Este fenómeno se produce por el efecto de aspiración que realiza el pistón durante la carrera de retroceso, hacia el punto muerto inferior.

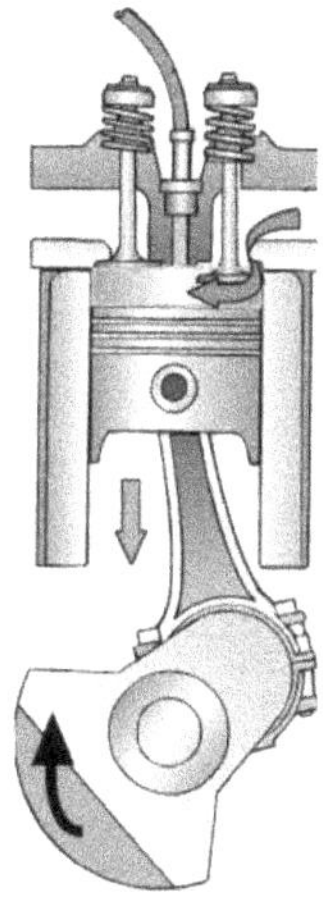
Admisión

El pistón actúa como un émbolo que succiona el aire durante ese recorrido. Cuando el conjunto biela y pistón alcanzan al punto muerto inferior, habrá ingresado la cantidad de aire necesaria para la combustión.

El movimiento descendente del pistón se produce por la acción de la biela, que se encuentra solidaria con el cigüeñal. El cigüeñal, es justamente, el encargado de producir el movimiento de todas las bielas y pistones dentro de cada uno de los cilindros, de modo secuencial y armonizado.

Compresión

Luego de haber alcanzado el punto muerto inferior, el conjunto biela pistón inician el camino inverso hacia el punto muerto superior. Cuando el pistón alcanza el punto muerto inferior, la válvula de admisión se cierra, generando una cámara sellada dentro del cilindro.

A medida que avanza el recorrido del pistón sobre las paredes del cilindro, el aire contenido se comprime.

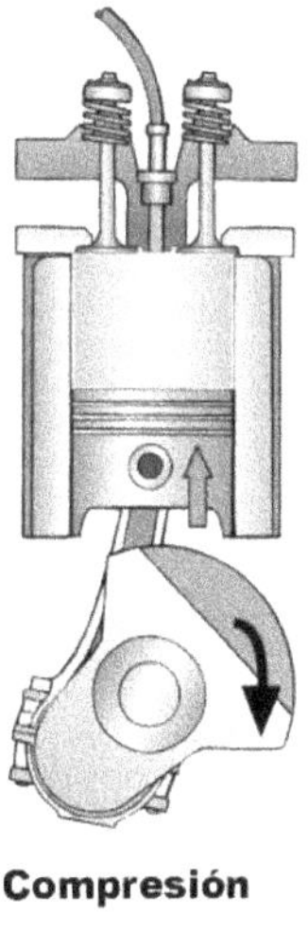
Compresión

Cuando el pistón alcanza el punto muerto superior, la masa de aire se encuentra en su máximo valor de compresión. El conjunto biela pistón mantiene la posición alcanzada por un fragmento de segundo, hasta que se inicia la fase siguiente.

Combustión

Con la cámara del cilindro completa de aire comprimido y ambas válvulas cerradas, ingresa el combustible y a continuación se genera la chispa de la bujía inserta en el cilindro. La acción del arco que genera la bujía hace que el combustible vaporizado junto con la masa de aire dentro del cilindro, entren en ignición repentinamente; y produzcan una explosión controlada.

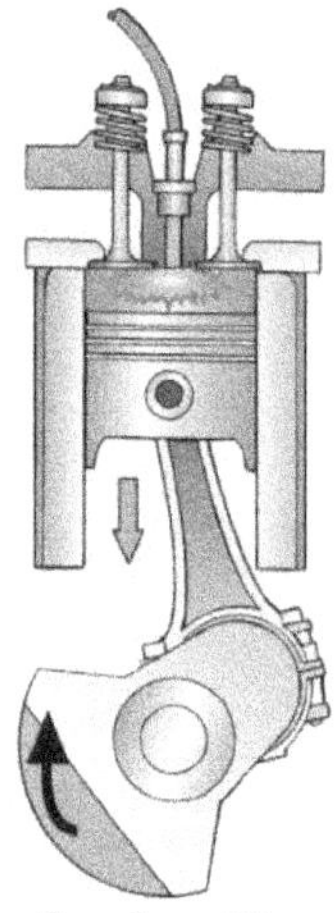

Combustión

La explosión del combustible, como cualquier otra explosión, produce una gran liberación de energía; en forma de calor y presión. El incremento repentino de la presión en la cámara impulsa al émbolo (conjunto pistón biela) hacia el punto muerto inferior. Instante donde comienza la cuarta instancia del ciclo.

Una vez que se produjo la combustión, se genera la apertura de la válvula de escapa, para permitir la salida de subproductos de la combustión hacia el escape.

Expansión

La presión contenida en la cámara luego de la combustión, produce un efecto de expansión que, literalmente, empuja al émbolo (conjunto pistón biela) hacia el punto muerto interior. La acción que produce la energía de expansión de la combustión, se transforma en trabajo mecánico que transmite la biela hacia el cigüeñal.

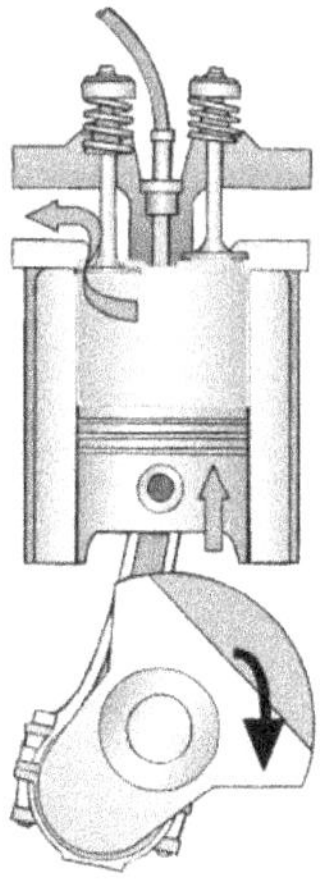

Expansión

Ya con la válvula de escape cerrada, durante la última fase de la expansión, se produce la apertura de la válvula de admisión, para dar lugar nuevamente al inicio del primer ciclo de admisión.

Los cuatro tiempos descriptos en los párrafos anteriores se dan de modo secuencial en cada uno de los cilindros del motor. El trabajo mecánico que cada uno de ellos transmite hacia el cigüeñal es el que luego se convertirá en la fuerza y velocidad con que ese componente gire. Es decir, la energía que producen cada uno de los conjuntos de cilindro y la velocidad en la secuencia en que se da el proceso, son las variables que se traducen en revoluciones por minuto (rpm) y caballos de fuerza (hp) o caballos de vapor (CV).

El ciclo de Otto, en teoría, es un ciclo termodinámico adiabático ideal. Sin embargo, en la práctica, las transformaciones que se presentan en la cámara del cilindro no se desarrollan en un volumen constante. Por lo tanto, el Ciclo de Otto, queda limitado a una expresión teórica de base y fundamento para el principio físico que se genera en el motor de combustión interna.

El rendimiento o eficiencia del motor depende de la relación de compresión. Esa relación es la expresión del volumen máximo disponible en la cámara sellada del cilindro, delimitada entre el punto muerto máximo superior y el punto muerto máximo inferior. La relación de compresión del motor es la que genera el requerimiento del tipo de nafta (octanaje) necesario para la optimización de la energía de expansión de combustión. En los motores de uso aeronáutico, el uso de combustible está limitado al

AVGAS 100 LL; más adelante se desarrollarán las particularidades de esta nafta de bajo contenido en plomo usada en la aviación.

Por otro lado debe considerarse la relación entre la masa de aire y el combustible que generan la explosión. Esta relación se la conoce como "mezcla", más adelante nos referiremos específicamente a este concepto. De momento, lo que es importante señalar es que la mezcla es una relación específica de cantidades de aire y combustible que dan como resultado una explosión con una liberación controlada de energía. La proporción de combustible y aire de la mezcla se la denomina en química como proporción o relación estequeométrica; este término define a las soluciones donde cada uno de los elementos constitutivos se encuentran presentes en una cantidad determinada, con el objetivo de dar como resultado la reacción deseada... en este caso una reacción exotérmica controlada de temperatura y presión.

El Ciclo de Brayton

A contraposición de lo que se desarrolló en los párrafos anteriores, mencionaremos las generalidades del principio termodinámico que utilizan los motores a reacción mencionados al inicio de la obra.

El Ciclo de Brayton o Ciclo de Juole o Ciclo de Froude es el principio termodinámico de un fluido compresible (aire) que, consiste en una etapa de compresión, una de calentamiento y una expansión adiabática. Este principio simple, es la base de funcionamiento de una infinidad de procesos en la industria, y por sobre todo, es la base teórica fundamental del motor a reacción.

La aplicación de la turbina de gas basada en el ciclo Brayton a la propulsión aérea se debe al ingeniero inglés Frank Whittle, quien en 1927 patentó la idea y la propuso a la fuerza aérea inglesa. Una serie de expertos liderados por Alan Arnold Griffith estudiaron en los años anteriores, las posibilidades técnicas de la turbina de gas como medio de propulsión aérea, aunque su idea se basaba en emplear el trabajo mecánico obtenido para accionar una hélice. Whittle, por el contrario, proponía disponer de un ciclo Brayton tal que no se produjera ningún trabajo mecánico neto, de manera que la turbina generara tan solo la energía suficiente como para accionar el compresor. La propulsión se produciría, según él, debido a la elevada velocidad de los gases a la salida de la turbina, formándose un chorro propulsor que generaría sobre el motor una fuerza de empuje.

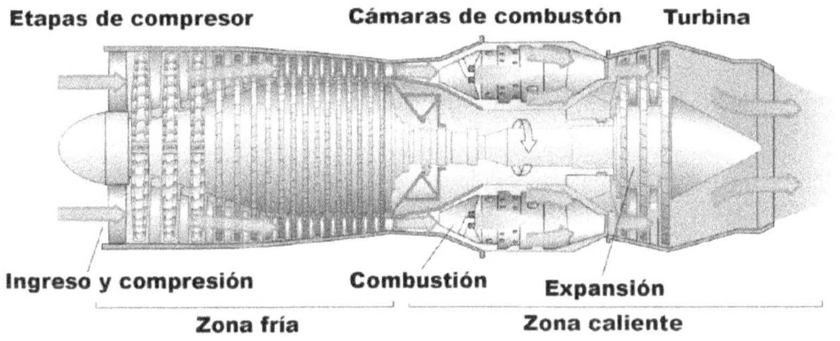

En esta figura se puede ver el esquema de un motor turbo reactor (del tipo Pratt Whitney JT3) sin derivación de flujo. En las flechas se aprecia la masa de aire que ingresa y es sometida al proceso de compresión en las distintas etapas de compresión. Cuando la masa comprimida llega a la etapa de cámaras, se mezcla con el combustible y se produce la combustión; en esta caso no produce explosión, sino que genera una reacción de alta liberación de presión y temperatura. La energía liberada es la que impulsa las etapas de turbina y a su vez, se expande en el tubo de escape del motor, generando la fuerza de empuje.

La combustión sin explosión se debe al uso de combustibles de alto rendimiento sin octanaje (o poder de detonación). En la industria aeronáutica actual se encuentra normalizado el uso del JET A-1 para este tipo de motores. El JET A-1 es un subproducto refinado de keroseno, con una muy alta capacidad de generar energía, con aditivos antidetonantes.

En este tipo de motor, la capacidad de propulsar un avión se expresa en términos de kilos de empuje y no de hp de potencia.

Variables atmosféricas

Tal como hemos mencionado, una de las partes fundamentales en la generación de potencia es el aire. El aire, no es ni más ni menos, que una "porción" de toda la masa atmosférica que nos rodea. Por lo tanto, es muy importante recordar algunas particularidades que pueden modificar o alterar el funcionamiento de los motores. La atmósfera está compuesta por una combinación de gases, donde la mayor parte es nitrógeno y casi un tercio del total es oxígeno. Tengamos en cuenta que el oxígeno es la parte de la masa de aire que participa de la combustión. A continuación podemos ver, a modo de recordatorio, como está compuesta la masa atmosférica a nivel del mar. Los valores expresados en el gráfico siguiente, son referenciales y dependen de una gran cantidad de variables. Entre los más importantes que debemos considerar es la altitud y la época del año (temporadas húmedas, frías, cálidas, etc.).

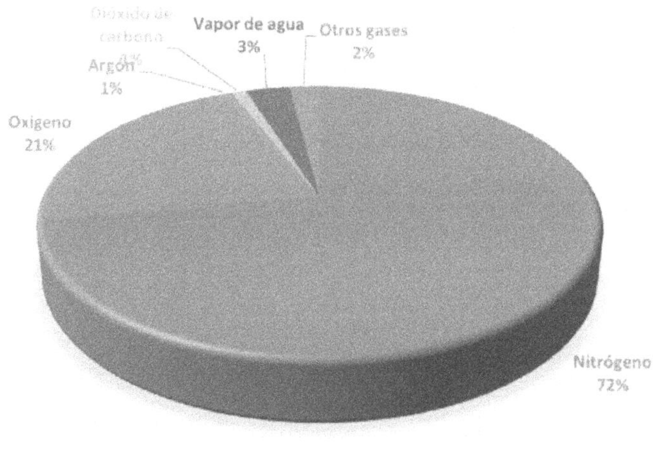

Por ejemplo, la masa de aire en invierno no siempre contiene una cantidad de vapor de agua mayor que en verano, sin embargo parece mucho más húmedo, esto se debe a que ese vapor no se mantiene en estado de gas e invisible, sino en pequeñas gotas cuya existencia se advierte especialmente al notar como se moja el suelo y todos los objetos expuestos a la intemperie. Esto se debe a que el aire solo puede admitir una cantidad limitada de vapor de agua, que guarda relación con su temperatura. Cuando el aire posee todo el vapor de agua que es capaz de admitir de acuerdo con su temperatura se enuncia que el aire está saturado, o que la humedad existente es del 100%.

Cuando el contenido de vapor de agua no alcanza el máximo que puede admitir, se dice que existe una humedad relativa (menor al 100%). Esta es la relación entre el valor máximo de gramos de agua que puede admitir y el que contiene. En la siguiente tabla podemos ver una relación entre la temperatura y la cantidad de vapor de agua que puede contener. Tengamos en cuenta esto, ya que será muy importante en los siguientes contenidos del libro.

Por lo tanto el roció o la escarcha no son productos del descenso de agua desde las alturas, como las lluvias o nevadas, sino por el congelamiento del agua que contiene el aire.

Temperatura C	Gramos de vapor de agua por m^3
-10	2,36
0	4,82
4	6,32
8	8,22
12	10,61
16	13,56
20	17,22
24	21,27
28	27,08
30	30,20

Cuando la atmósfera alcanza su humedad máxima, no admite más vapor de agua, cualquier cantidad adicional de vapor que se incorpore formará gotas o cristales de hielo.

La saturación de una masa de aire en la atmósfera es el paso previo a la formación de nubes y puede alcanzarse por diversos mecanismos como, por ejemplo, el enfriamiento local en capas bajas o el ascenso de una masa de aire húmedo (este ascenso puede originarse como consecuencia de la actividad de frentes, por la presencia de un relieve orográfico, a causa de la convección, etc.). Por ende, volar en nubes es estar en una masa de aire saturada, proclive a que en ciertas condiciones se transforme en gotas y estas en hielo.

Introducción al motor a reacción

Entre las responsabilidades de un piloto está entender los conceptos básicos de cada sistema en la aeronave que se pilotea. A veces esto puede parecer excesivo para los pilotos en entrenamiento. Sin embargo, es importante que un piloto pueda identificar, entender y corregir fallas y problemas que puedan ocurrir en situaciones de emergencia. Por lo tanto, la mayoría del entrenamiento de sistemas enfatiza la comprensión de la secuencia de operación de cada sistema, con especial atención a lo que sucede si varios componentes fallan.

Los sistemas de la mayoría de las aeronaves modernas de turbina son similares en principios de operación y componentes. Sin embargo, difieren considerablemente en los detalles de implementación. Como resultado, una vez que has aprendido los sistemas de una aeronave de turbina, otros son mucho más fáciles de comprender. Echemos un vistazo a los conceptos básicos de los principales sistemas de aeronaves de turbina.

El principio básico de funcionamiento de un motor de turbina de gas es simple. La propulsión a chorro se describe mediante la tercera ley de Isaac Newton, que establece que por cada acción hay una reacción igual y opuesta. En el sentido más amplio, los motores de turbina de gas comparten la propulsión a chorro con los globos de fiesta que han sido inflados y liberados. En cada caso, los gases a presión que escapan de una tobera en un extremo crean una fuerza igual y opuesta para impulsar cada uno de estos "motores de reacción" en dirección opuesta.

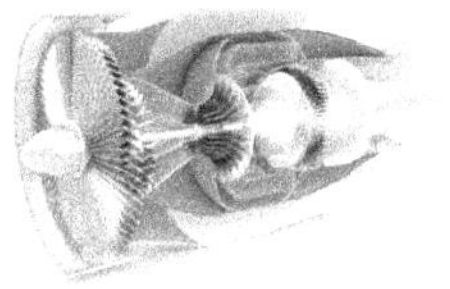

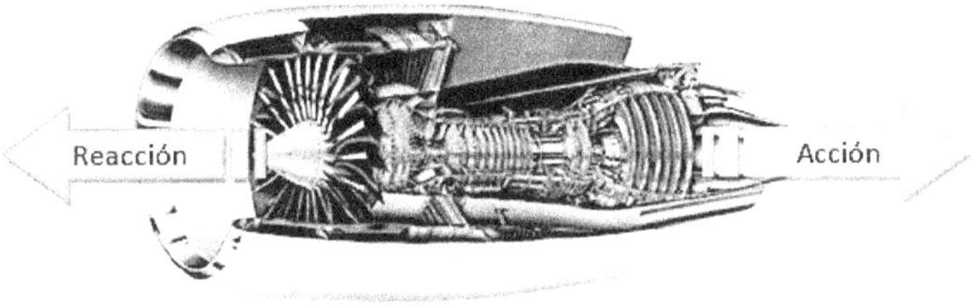

La principal diferencia entre el globo y el motor está en la fuente de los gases propulsores. El globo es un dispositivo de almacenamiento de energía. Alguien sopla aire en él y una vez que el aire almacenado ha escapado, la propulsión se termina.

Los motores de turbina de gas, por otro lado, son motores de calor. A través de la combustión de combustible con aire de admisión, continuamente crean gases en expansión, cuya energía se convierte en fuerza propulsora para mover una aeronave. Por esta razón, el núcleo de un motor de turbina se conoce como el generador de gas; genera los gases en expansión necesarios para producir empuje. Luego, se utiliza una tobera para acelerar la velocidad de los gases de alta energía que escapan del generador de gas. Al aumentar la presión de los gases a través de su cámara cónica, una tobera obliga a los gases a salir por su abertura de escape más pequeña. El efecto de este proceso es un aumento en el impulso del aire que pasa a través del motor, produciendo empuje.

El motor de turbina de gas se puede comparar en etapas básicas de funcionamiento con su pariente lejano, el motor de combustión interna (también conocido como "motor de pistón" o "motor alternativo"). Como recordarás, la mayoría de los motores alternativos de aeronaves operan en una secuencia de cuatro tiempos: admisión, compresión, potencia (o combustión) y escape. La potencia desarrollada por un motor de pistón es intermitente, ya que solo uno de cada cuatro tiempos (el tiempo de potencia) realmente crea potencia. Las etapas paralelas ocurren en los motores de turbina de gas, pero con una diferencia fundamental: los motores de turbina operan bajo condiciones de flujo continuo más eficientes.

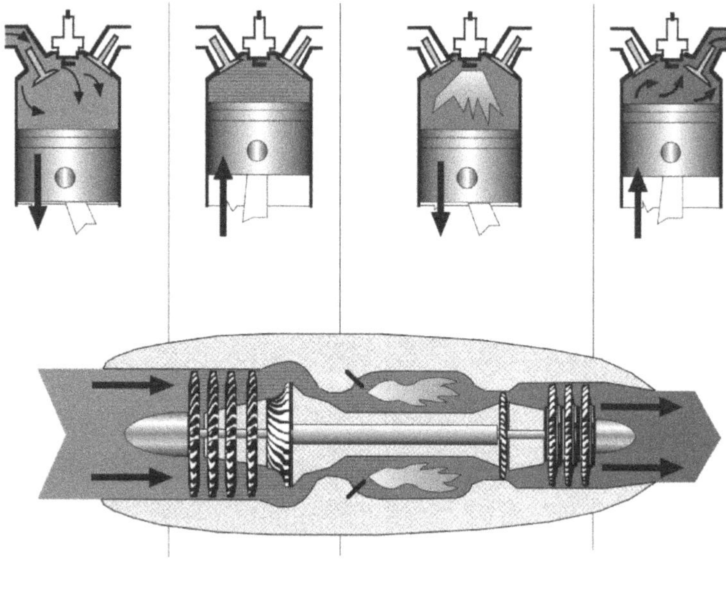

En lugar de comprimir el aire de admisión con un pistón, los motores de turbina utilizan una o más "ruedas" con aspas giratorias en la sección del compresor conocidas como compresores. Otro conjunto de ruedas, es impulsado por los gases de escape que pasan a través de la sección de la turbina.

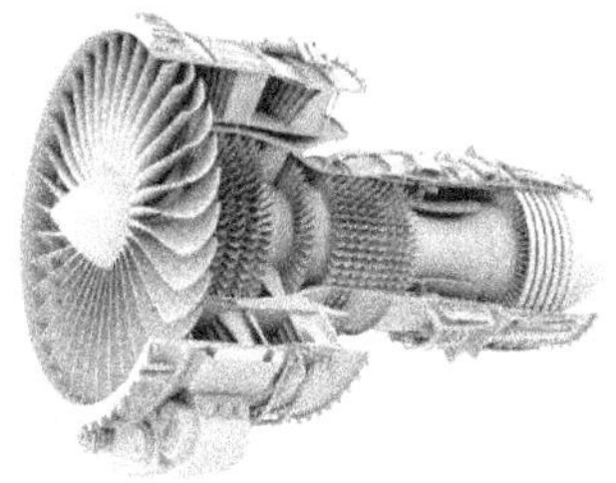

Los compresores y las turbinas son similares en el sentido de que cada uno es básicamente un ventilador extremadamente sofisticado, compuesto por un gran número de aspas de alta precisión que giran a velocidades muy altas dentro de una carcasa estrechamente canalizada. Sin embargo, los compresores se utilizan para comprimir el aire en la "parte frontal" del motor, mientras que las turbinas aprovechan la energía del motor en la parte posterior de la cámara de combustión.

El principio básico de funcionamiento de todos los motores de turbina de gas es el mismo. Similar a un turbocompresor, cada compresor y turbina de un motor de turbina simple se monta en un mismo eje. El aire de admisión se comprime mediante los compresores y se fuerza hacia la cámara de combustión. Se rocía continuamente combustible en la cámara de combustión y se enciende, creando gases de escape que impulsan las turbinas.

Las turbinas, a través de ejes, impulsan los compresores, sosteniendo todo el proceso. Las turbinas también aprovechan la energía del motor para impulsar todos los accesorios del motor, como generadores y bombas hidráulicas. Entre las principales diferencias entre los diversos tipos de motores de turbina se encuentran los tipos de compresores que utilizan. Existen compresores de flujo centrífugo y compresores de flujo axial.

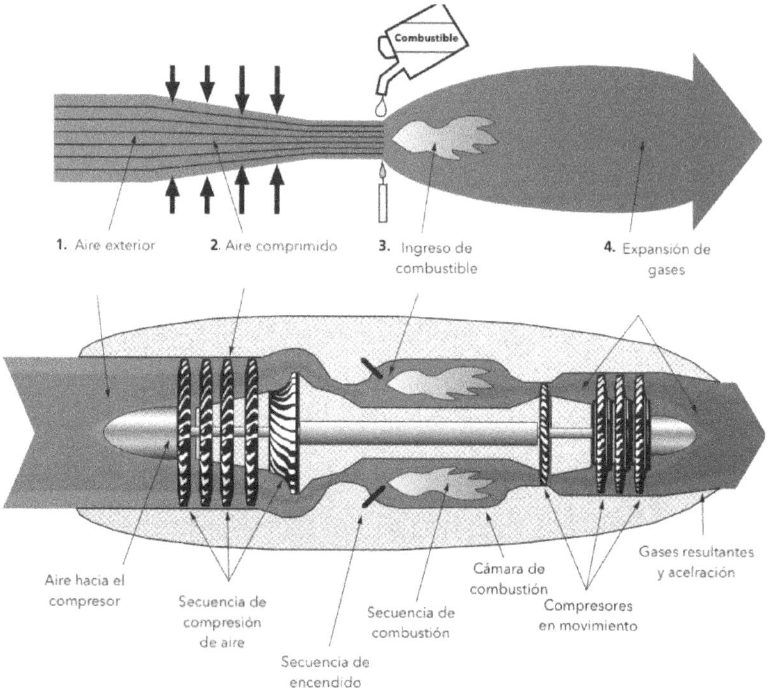

Compresor de flujo centrífugo y de flujo axial

Un compresor de flujo centrífugo utiliza un impulsor similar al de un turbocompresor. La entrada de aire del motor dirige el aire de admisión hacia el centro del impulsor, donde se lanza hacia el exterior de forma centrífuga hacia una cámara cuidadosamente diseñada conocida como "difusor". Un difusor es simplemente un conducto divergente que reduce la velocidad del aire de salida del impulsor, aumentando así la presión del aire antes de que entre en la cámara de combustión.

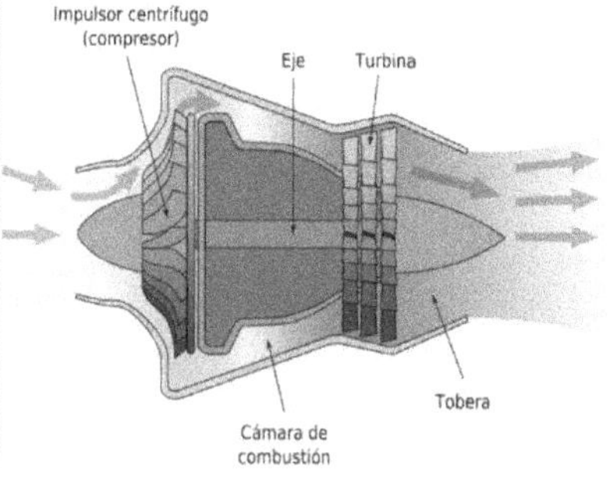

El flujo de aire a través de un compresor de flujo axial, por otro lado, permanece esencialmente paralelo al eje longitudinal del motor; el aire no se lanza hacia el exterior en el difusor como ocurre con el compresor de flujo centrífugo. Un compresor de flujo axial está compuesto por una serie alternante de aspas de rotor giratorias y álabes estacionarios. El aire de entrada entra en el primer conjunto de aspas de rotor, donde el aire es desviado en la dirección de rotación. Los álabes estacionarios entre cada conjunto de aspas de rotor ayudan a dirigir y comprimir el flujo de aire. El objetivo es mantener el flujo de aire esencialmente paralelo al eje longitudinal del motor entre cada conjunto de aspas de rotor. En este sentido, un compresor de flujo axial funciona más como un ventilador de ventana, mientras que un compresor de flujo centrífugo arroja el aire hacia el exterior como una honda.

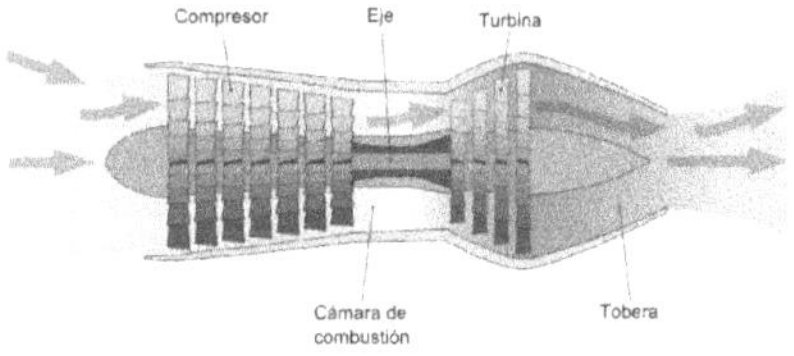

Los compresores de flujo centrífugo son más duraderos que los modelos de flujo axial. Los aviones turbohélice y muchos jets corporativos utilizan compresores de flujo centrífugo porque es más probable que estos aviones operen en aeródromos no preparados que los aviones grandes. Por otro lado, los compresores de flujo axial son más eficientes. Mientras que un compresor de flujo centrífugo normalmente puede alcanzar una relación de compresión de 10:1, un modelo de flujo axial puede lograr relaciones de más de 25:1. Esto significa que los motores con compresores de flujo axial pueden producir más empuje para la misma área frontal, lo que resulta en menos resistencia aerodinámica y mayor eficiencia de combustible. Los grandes jets utilizan el tipo de compresor de flujo axial debido a la mayor relación de compresión, lo que produce una mayor capacidad de empuje en relación al peso y una mayor eficiencia de combustible.

Compresor multi-etapas (multistage)

Con el fin de maximizar la eficiencia y la potencia, la mayoría de los motores de turbina modernos utilizan más de un componente de compresor, cada uno alineado en secuencia detrás de otro. Se pueden utilizar una combinación de compresores de flujo axial y centrífugo, o puede haber múltiples componentes del mismo tipo. En ambos casos, cada "rueda" de compresor o fila de aspas de rotor y álabes actúa como una etapa de compresor. Cada etapa de compresor comprime progresivamente los gases que pasan un paso más allá que la etapa anterior.

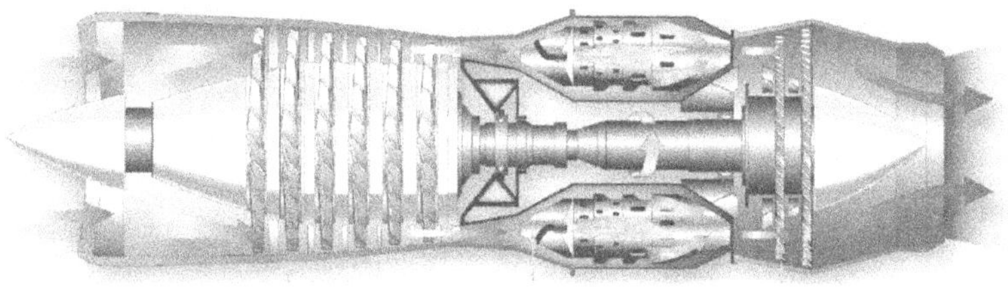

Los componentes del compresor pueden estar montados en el mismo eje o en ejes anidados diferentes. Un conjunto de múltiples etapas de compresor se conoce como compresor multi etapa, y el número de etapas corresponde al número de componentes del compresor.

Solo para aclarar esta terminología, debemos tener en cuenta que cada compresor de flujo axial es un compresor multi etapa. Como se discutió anteriormente, un compresor de flujo axial tiene la apariencia de varias ruedas giratorias con álabes entre ellas. Cada "rueda" o fila de aspas de rotor con sus álabes es una etapa de compresor. Sin embargo, todo el conjunto se considera como un solo compresor, siempre y cuando todas las partes giratorias estén montadas en un eje común.

Motores de compresor múltiple

Muchos motores de turbina de gas tienen dos compresores en tándem que están montados en ejes separados y giran a diferentes velocidades. Estos motores de doble compresor ofrecen relaciones de compresión más altas que los modelos de compresor único.

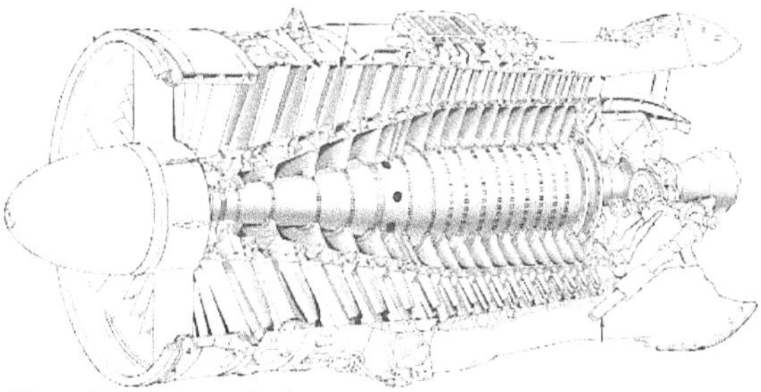

Motor de Compresor simple

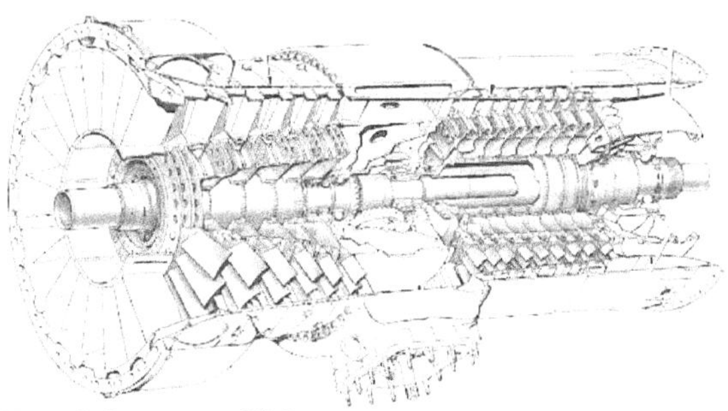

Motor de Compresor múltiple

El compresor más adelantado de un motor de doble compresor se conoce como compresor de baja presión. Es accionado por el eje de la turbina de baja presión, que se encuentra en la parte trasera del motor.

Ambos están conectados mediante el eje del compresor de baja presión. La velocidad de rotación de un compresor de baja presión se conoce como "N1"; por lo tanto, el eje del compresor de baja presión también se conoce comúnmente como eje N1. El segundo compresor de un motor de doble compresor se conoce como compresor de alta presión. Es accionado por su propia turbina de alta presión a través de un eje hueco de alta presión (o eje N2), que gira de forma concéntrica sobre el eje N1. Como probablemente has deducido, N2 es la velocidad del compresor de alta presión.

Para aclarar nuevamente la terminología, describamos el compresor axial doble. Este incorpora un compresor axial de baja presión de nueve etapas en un eje, seguido de un compresor axial de alta presión de siete etapas en un eje separado. Ambos giran por separado, a diferentes velocidades. La combinación de cada compresor, la turbina que lo impulsa y el eje que los conecta se conoce como "spool". Al observar los dos spools separados de un motor de doble compresor, se puede apreciar la forma característica de cada spool.

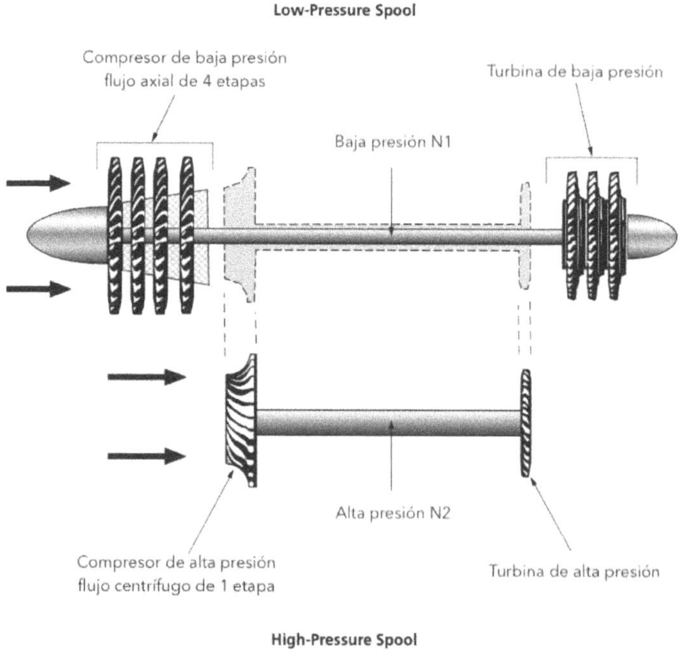

Motor principal de una turbina

Los motores de turbina existen en muchas variantes. Se pueden encontrar modelos de una, dos y tres secciones, utilizando cualquier combinación de compresores de flujo centrífugo y axial. Además, se pueden incorporar cualquier número de etapas de compresor y turbina en cada sección. Estos detalles de diseño del motor varían significativamente según el tipo de motor y el fabricante. Aunque estas diferencias tienen un impacto en el rendimiento y la confiabilidad de los motores de turbina competidores, la disposición y las funciones básicas son las mismas. Cada motor de turbina está construido en torno al mismo núcleo básico, que incluye secciones de compresor, cámara de combustión y turbina. El motor de turbina de gas básico que hemos estado discutiendo hasta ahora se conoce comúnmente como generador de gas o motor principal de la turbina. Con el objeto de familiarizarse con la terminología en inglés, mostraremos algunas imágenes descriptivas con las diferentes secciones en idioma inglés.

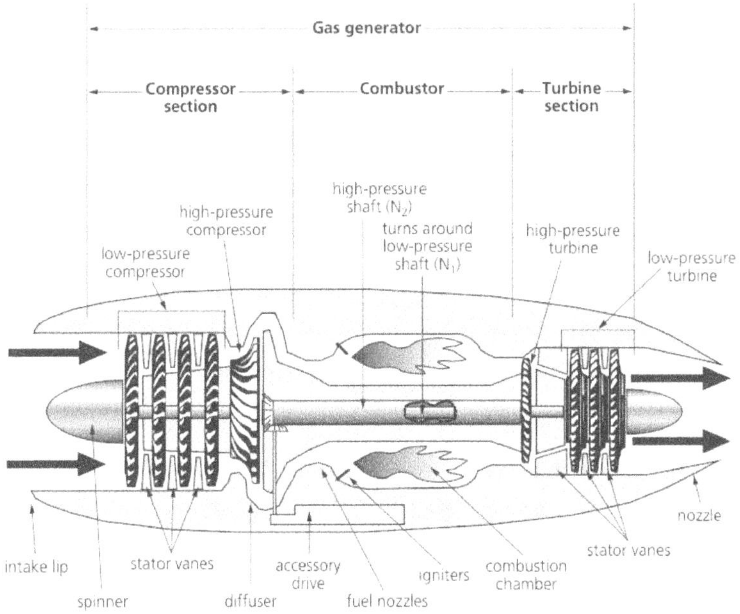

Nuestro generador de gas "típico" tiene un compresor de baja presión de flujo axial de cuatro etapas, seguido de un compresor de alta presión de flujo centrífugo de una sola etapa. Su sección de turbina incorpora una turbina de alta presión de una sola etapa y una turbina de baja presión de tres etapas. (Esta disposición es solo un ejemplo y no pretende representar ningún motor específico).

Motores turboractor, turbofan y turbohélice

A pesar de las diferentes variaciones de los motores de turbina, los principios básicos de funcionamiento del motor de turbina principal son los mismos. Dependiendo de cómo se aprovechen los gases de escape, el mismo generador de gas básico se puede aplicar a motores de turboreactor, turbofán o turbohélice. La diferencia conceptual más grande entre estos motores radica en cómo se traduce la potencia del motor en empuje para propulsar una aeronave.

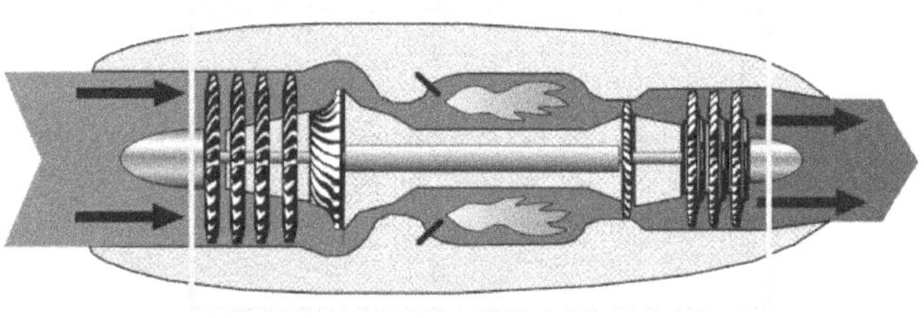

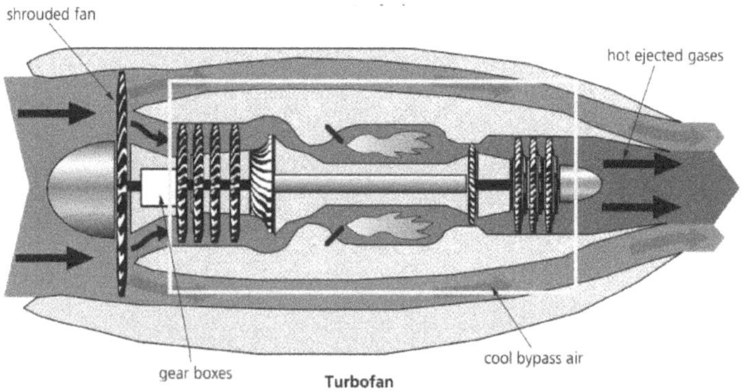

Turbofan

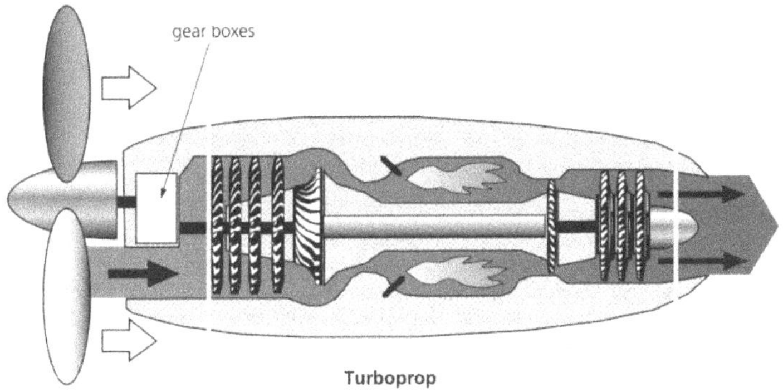

Turboprop

Turborreactores

Los motores de turbina de gas discutidos e ilustrados hasta ahora se conocen como motores de turborreactor. Un motor de turborreactor produce empuje únicamente mediante la alta aceleración del aire al pasar a través y expulsar el motor principal. Los primeros motores a reacción eran de este tipo. Los motores de turborreactor, aunque tienen un rendimiento bastante bueno a altitudes elevadas y altas velocidades del aire, son muy ineficientes a altitudes bajas y velocidades del aire bajas. También son más ruidosos y menos eficientes en consumo de combustible que los motores turbofán más modernos.

Turbofan

Un motor turbofán tiene el mismo motor principal básico que un turborreactor (turbojet). La diferencia es que un turbofán incluye un "ventilador envuelto" en la parte delantera del motor, impulsado por la sección de la turbina del motor. (Un ventilador envuelto es esencialmente una hélice con varias palas con una caja de ajuste cercano alrededor). Un turbofán acelera una masa de aire más grande que un turbojet. Parte del aire de admisión del turbofán pasa a través del motor principal, mientras que el resto evita el núcleo del motor alrededor del exterior. Este aire de derivación genera una gran cantidad de empuje debido al diseño altamente eficiente de las palas del turbofán.

La relación entre el aire de derivación que fluye a través de la sección del ventilador del motor en comparación con la cantidad de aire que fluye a través de la parte del generador de gas del motor se llama relación de derivación del motor. Para la mayoría de los diseños de aeronaves corporativas y de aerolíneas, los motores más eficientes en consumo de combustible son aquellos con las relaciones de derivación más altas. (Para tener una idea de las cantidades involucradas, el flujo de aire a través del motor se mide en libras por segundo).

Los motores turbofán con pequeñas cantidades de empuje de derivación se llaman motores de baja derivación o simplemente motores de derivación. Los motores con grandes cantidades de empuje de derivación del ventilador se conocen como motores turbofán de alta derivación. A altitudes más bajas, más del 80 por ciento del empuje de un motor de alta derivación proviene del ventilador envuelto, lo que resulta en una mayor eficiencia de combustible. Los turbofanes surgieron porque las "hélices" (en este caso, las palas del turbofán envueltas) son más eficientes que el empuje a reacción a altitudes y velocidades del aire relativamente bajas. En esencia, un motor turbofán es un compromiso entre las mejores características de los turbojets y los turbohélices, siendo el turbojet el más adecuado para altitudes altas y velocidades del aire altas y el turbohélice el más eficiente a altitudes bajas y velocidades del aire relativamente bajas.

Los turbojets son muy ruidosos debido a que los gases de escape calientes expulsados chocan con el aire fresco circundante, creando un ruido ensordecedor de cizallamiento del viento. Sin embargo, los turbofanes son mucho más silenciosos debido a la mezcla del aire de derivación fresco con los gases de escape calientes del motor principal. Esto ayuda a aislar y dispersar los gases de escape calientes, amortiguando gran parte del sonido. Prácticamente todos los motores a reacción en producción hoy en día son turbofanes.

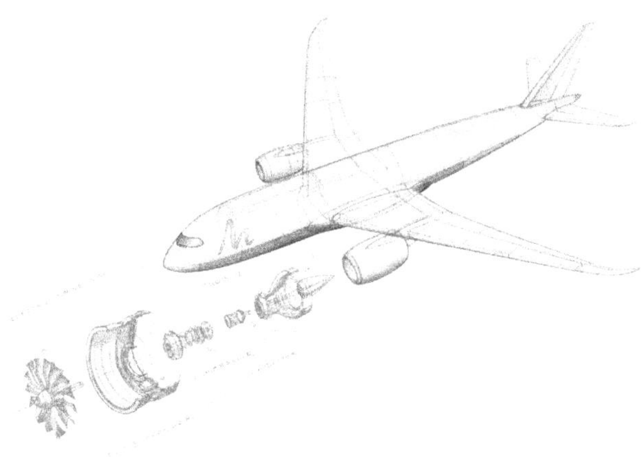

Turboprop

Un motor turbopropulsor utiliza simplemente el empuje generado por un motor principal de turbina para impulsar una hélice. La turbina de un motor turbopropulsor está diseñada para absorber grandes cantidades de energía y entregarla en forma de torque a la hélice. Hay dos formas diferentes de hacer esto. En un motor turbopropulsor de transmisión directa, la hélice se impulsa directamente desde el eje del compresor a través de un conjunto de engranajes reductores.

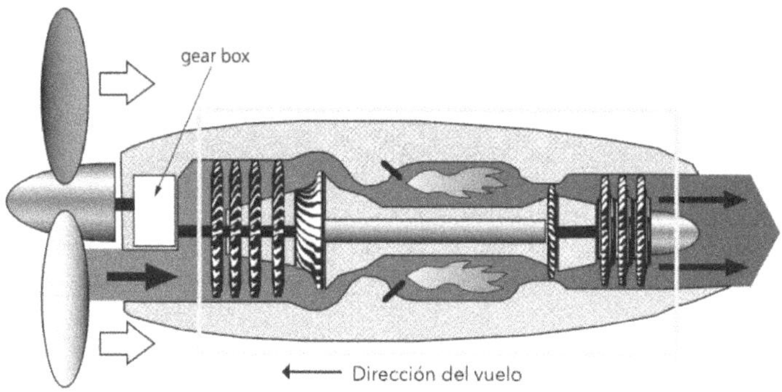

En un motor turbopropulsor de turbina libre, la hélice no está conectada directamente al núcleo del motor. En cambio, se agrega una "sección de potencia" adicional de turbina libre al núcleo básico del motor después de la sección de la turbina. Los gases de escape de alta presión del núcleo del motor se utilizan para impulsar la "turbina de potencia" libre. La turbina de potencia, a su vez, hace girar un eje que mueve la caja de cambios de la hélice. Esta conexión no mecánica entre el núcleo del motor y el eje de transmisión de la hélice se conoce como acoplamiento fluido. El mismo principio se utiliza en las transmisiones automáticas de los automóviles, excepto que el acoplamiento fluido en los motores turbopropulsores es gaseoso en lugar de líquido.

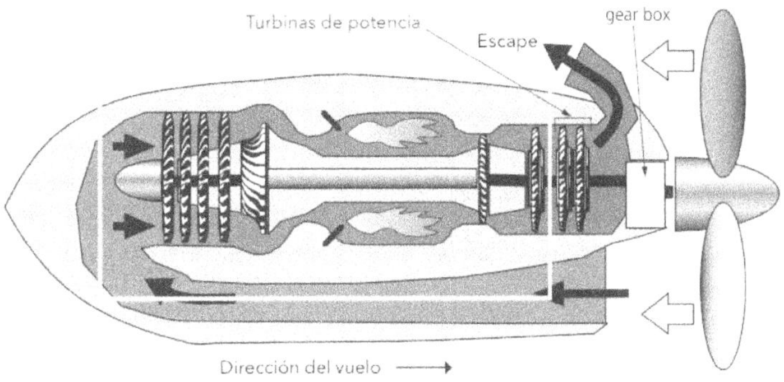

La diferencia de diseño entre los motores de transmisión directa y de turbina libre se puede identificar fácilmente después de apagar el motor. Cuando el piloto gira la hélice de un turbopropulsor de transmisión directa a mano, también está girando el núcleo del motor, lo que significa que el motor es relativamente difícil de girar.

Pero con un turbopropulsor de turbina libre, todo lo que gira con la hélice es la única turbina de potencia que la impulsa, lo que significa que las hélices de estos motores giran tan libremente que a menudo giran con el viento. Dado que no hay una conexión mecánica entre la hélice y el núcleo del motor en este caso, el núcleo del motor no gira cuando se gira la hélice a mano.

Tanto los motores de transmisión directa como los de turbina libre tienen ventajas y desventajas distintas. Los motores de transmisión directa están diseñados para funcionar a RPM más o menos fijas. Agregar potencia (mediante la adición de combustible) produce un aumento en la potencia sin un cambio significativo en las RPM. Esto significa que la aerodinámica interna de la sección del compresor, la cámara de combustión y la sección de la turbina se pueden ajustar cuidadosamente al rango de funcionamiento óptimo.

Por esta razón, los motores de transmisión directa de los turbopropulsores ofrecen una respuesta de potencia más inmediata y son más eficientes en el consumo de combustible. La marcha en ralentí en tierra de los motores de transmisión directa es alta (alrededor del 72 por ciento de la RPM máxima), ya que la hélice está directamente conectada al núcleo del motor. Por lo tanto, este tipo de motor genera mucho ruido en tierra. (Las hélices son responsables de la mayor parte del "ruido del motor" en cualquier avión con hélice).

Un turbopropulsor de turbina libre, por otro lado, tiene un nivel de ruido relativamente bajo en ralentí en tierra. La velocidad de RPM del núcleo del motor es más baja en este tipo y dado que no hay conexión mecánica entre el núcleo del motor y la hélice, la hélice puede frenar aún más lentamente.

Otra ventaja significativa de algunos motores de turbina libre es que pueden desmontarse fácilmente para su servicio, a menudo sin necesidad de retirarlos de la aeronave. La serie de motores Pratt & Whitney PT-6 de turbina libre popular optimiza este principio a través de su instalación "hacia atrás".

El aire se dirige hacia la parte trasera del motor para ingresar a la sección del compresor montada en la parte trasera, lo que permite que la sección de potencia se monte directamente en la caja de cambios de la hélice. Dado que la sección de potencia (incluida la turbina de potencia libre) no está físicamente conectada al generador de gas excepto a través de la carcasa y las tuberías del motor, cualquiera de las secciones se puede retirar relativamente fácilmente de la aeronave para su mantenimiento.

Sin embargo, la aerodinámica interna de un turbopropulsor de turbina libre debe diseñarse para operar en un rango más amplio de presiones y velocidades del aire. Por lo tanto, un motor de turbina libre tiende a operar con una aerodinámica interna menos óptima que sus contrapartes de transmisión directa. Esto hace que el turbopropulsor de turbina libre sea menos potente en relación con su peso y menos eficiente en el consumo de combustible que el tipo de transmisión directa.

Es sencillo distinguir si una aeronave turbo propulsada es de tipo de transmisión directa o de turbina libre. Observa el ángulo de las palas de las hélices después del apagado. Si las hélices están en un ángulo de pala muy bajo en relación con su plano de rotación (es decir, en paso fino), el turbopropulsor es de tipo de transmisión directa. Si las hélices están en posición de "en bandera", el turbopropulsor es de tipo de turbina libre.

Esta diferencia ocurre porque los turbopropulsores de transmisión directa tienen bloqueos de arranque que fijan las palas de la hélice en un ángulo de pala de 0° después del apagado. Los bloqueos de arranque son pasadores metálicos mantenidos por la fuerza centrífuga a RPM de funcionamiento, lo que permite que el ángulo de las palas cambie. Pero cuando la RPM se reduce por debajo de un cierto nivel al apagarlo, los bloqueos de arranque se mueven hacia el interior hacia el buje de la hélice y bloquean la hélice en un ángulo de pala bajo. Al arrancar el motor, las hélices deben girar junto con el motor debido a la conexión rígida entre ellos, y la posición de paso plano reduce la resistencia al aire al arrancar. Si las palas estuvieran en posición de "en bandera", sería más difícil girar la hélice al iniciar el arranque.

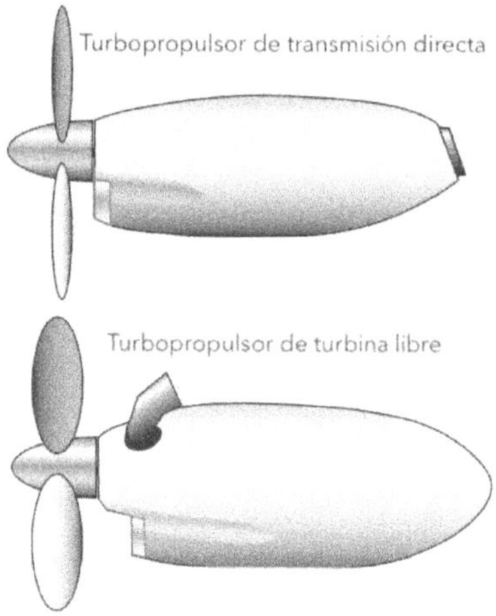

Los turbopropulsores de turbina libre no necesitan bloqueos de arranque, porque no hay conexión directa entre la hélice y el núcleo del motor. El motor, por lo tanto, se puede arrancar fácilmente ya que la masa y la resistencia de la hélice no restringen la RPM del núcleo del motor. La hélice comienza a girar solo cuando el núcleo del motor produce suficientes gases de escape para hacer girar la turbina de

potencia. Por lo tanto, las hélices de los turbopropulsores de turbina libre pueden moverse a su posición "natural" de "en bandera" al apagarse.

¿Empuje o Potencia?

La salida de los motores de turbina se denominaba "empuje" hasta que llegamos a los turbopropulsores. Entonces, la discusión cambió a “potencia". Esto se debe a que la definición de "potencia", que se utiliza comúnmente para los motores de pistón, no se aplica bien a los motores de turbina pura. La potencia se define como la fuerza aplicada sobre una distancia, por unidad de tiempo. Pero los motores a reacción generan empuje en el aire sin mover ninguna pieza mecánica sobre una distancia. En consecuencia, los motores "a reacción" se clasifican en libras de empuje.

Sin embargo, los turbopropulsores sí generan potencia en forma de par motor, es decir, fuerza aplicada a una hélice sobre una distancia de rotación. Por lo tanto, los turbopropulsores se clasifican utilizando la terminología de potencia. La potencia en el eje se refiere a la potencia entregada por un motor turbopropulsor a su hélice. Sin embargo, los gases de escape del núcleo del motor de los turbopropulsores también producen cierto empuje a chorro que aumenta la salida de la hélice. El efecto del empuje a chorro se suma a la calificación de potencia en el eje del turbopropulsor para producir una calificación total de potencia conocida como potencia en el eje equivalente. Ten en cuenta esta diferencia al hablar sobre la gestión de motores en aeronaves de turbina. Los pilotos de turbopropulsores ajustan la potencia o el par motor. Los pilotos de jets ajustan el empuje.

Parámetros del motor

La salida de un motor de turbina puede medirse y expresarse de diferentes formas. En los motores a reacción, la relación de presión del motor (EPR, por sus siglas en inglés) se refiere a la relación entre la presión de salida del motor y la presión de admisión del motor. Por lo tanto, cuanto mayor sea el EPR, mayor será el empuje que se está produciendo.

Cuando la presión de admisión y la presión de salida del motor son iguales, es decir, cuando EPR = 1, el motor no está produciendo empuje.

Si bien el EPR se utiliza comúnmente para ajustar el empuje en motores turbojet y turbofan, la potencia de los turbopropulsores se ajusta y supervisa comúnmente en libras-pie de par motor (o a veces como porcentaje del par motor máximo) entregado al sistema de transmisión de la hélice.

Otros parámetros comunes para el funcionamiento de los motores de turbina se expresan en términos de RPM (revoluciones por minuto) de los diferentes ejes dentro del motor.

Como recordarás, N1 normalmente se refiere a las RPM del eje del compresor de baja presión, mientras que N2 se refiere a las RPM del eje de potencia de alta presión. N1 y N2 suelen expresarse como porcentajes de un valor cercano a las RPM máximas, ya que representan números muy grandes. (Sin embargo, las RPM máximas no siempre son del 100 por ciento). En algunos turbofans de aviones de negocios, N1 es el instrumento principal para ajustar el empuje, en lugar del EPR.

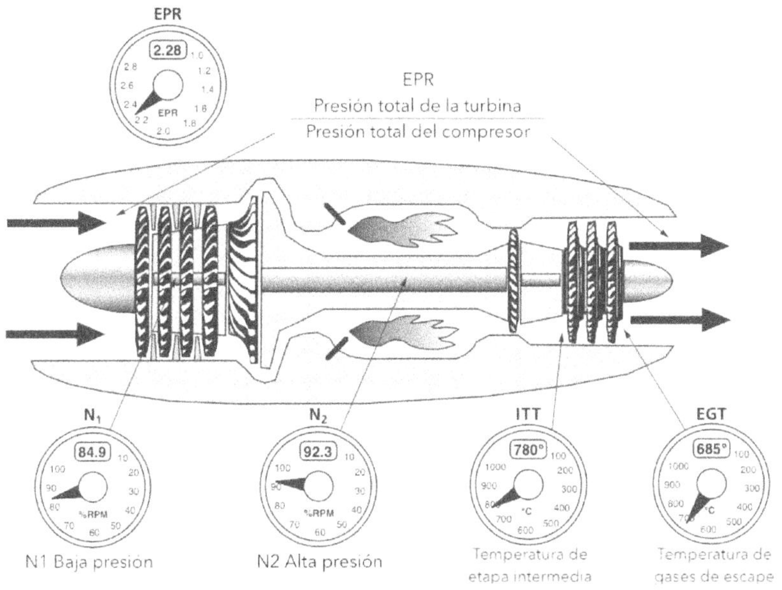

Al igual que en los motores de pistón, también se deben controlar las temperaturas en las plantas de energía de turbina. Dependiendo del tipo e instalación del motor, se utiliza comúnmente la temperatura de los gases de escape (EGT, por sus siglas en inglés) o la temperatura de la turbina entre etapas (ITT, por sus siglas en inglés) para este propósito. Los indicadores de flujo de combustible también proporcionan parámetros de control útiles en los motores de turbina.

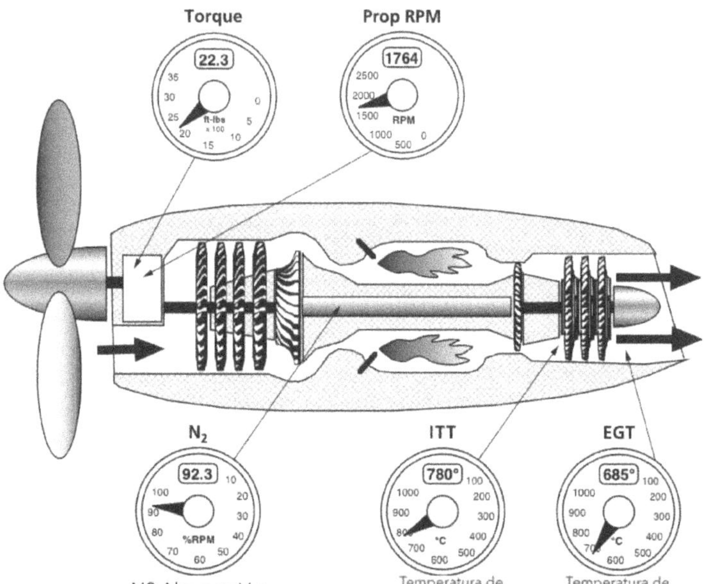

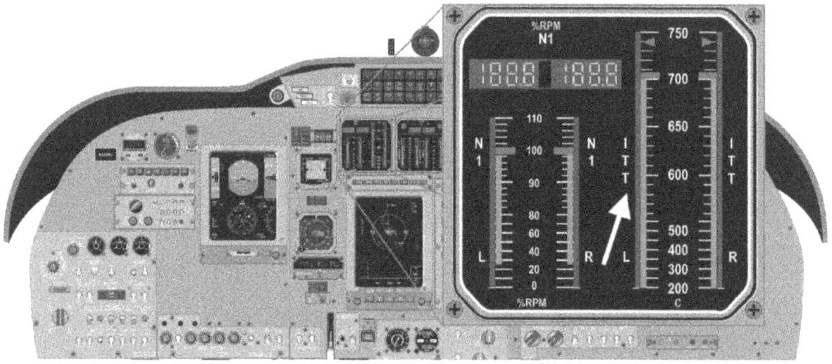

Mandos de control del motor

La gestión del empuje o la potencia es extremadamente simple para los motores de turbina. Normalmente, los controles principales del motor en los jets consisten simplemente en palancas de empuje. A veces se utilizan palancas de arranque separadas para encender y apagar el flujo de combustible a los motores.

En los turbopropulsores, las palancas de potencia o palancas de par motor reemplazan a los aceleradores, mientras que las palancas de combustible de los turbopropulsores se llaman comúnmente palancas de condición. La mayoría de los turbopropulsores están equipados con un control de RPM de la hélice separado (similar a los que se encuentran en los motores de pistón), pero en algunos casos el control de la hélice se integra en las palancas de potencia (Saab 2000) o en las palancas de condición (Dash-8).

Encendido de un motor a reacción

Un motor a reacción funciona de manera maravillosamente simple. Una vez que está en marcha, es poco probable que el sistema se detenga a menos que se interrumpa el suministro de combustible o aire, o haya una falla mecánica. Sin embargo, arrancar es un poco más complicado.

En algún momento te habrás preguntado qué hace que los gases en expansión salgan por el extremo adecuado del motor. Esta no es una pregunta tonta. Se debe comprimir suficiente aire en la(s) cámara(s) de combustión para que, cuando se añada y encienda el combustible, los gases energizados de la combustión viajen hacia la parte posterior a través de la sección de la turbina en lugar de hacia adelante.

Imagina la pared comprimida de aire que entra en la cámara de combustión como una especie de culata invisible y la sección de la turbina como un pistón de un motor alternativo. Puedes imaginar que al comenzar la secuencia de arranque de un motor a reacción es muy importante hacer girar lo suficientemente rápido la sección del compresor para construir la pared de aire en la parte delantera de la cámara de combustión. Esto garantiza que el flujo de los gases de combustión viaje hacia atrás una vez que se encienda la mezcla de combustible y aire, y que la compresión sea lo suficientemente alta para un buen arranque.

Cuando no se cumplen estas condiciones, hay peligro de un arranque en caliente. Un arranque en caliente ocurre cuando se introduce combustible mientras la velocidad de rotación del compresor es demasiado baja y, por lo tanto, las presiones son insuficientes en la cámara de combustión. En esta situación, el combustible se quema a temperaturas muy altas en la cámara de combustión, con poco o ningún flujo hacia la sección de la turbina. Si el piloto no reconoce esta situación de inmediato a través de una supervisión cuidadosa, el motor puede sobrecalentarse y arruinarse en cuestión de segundos.

En los motores de turbina mas pequeños, el compresor normalmente se hace girar para el arranque mediante un motor de arranque eléctrico. Para los motores de turbina grandes, el aire de alta presión impulsa un motor de arranque neumático. Este aire de alta presión puede provenir de varias fuentes, como una unidad de energía auxiliar (APU), una fuente de aire en tierra o un sangrado cruzado neumático de otro motor.

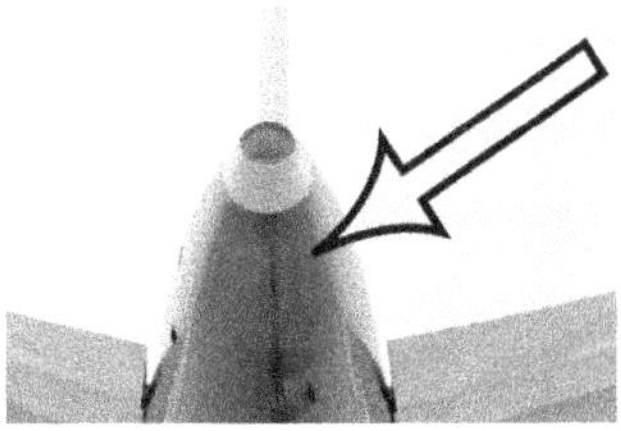

Los motores de turbina utilizan encendedores para encender la mezcla de combustible y aire durante el arranque. Algunos encendedores son calentadores de incandescencia, similares a los utilizados con el mismo propósito en los motores diésel. (Estos incorporan una bobina de resistencia por la cual circula corriente eléctrica para calentarlos hasta que brillen de manera constante). Otros encendedores son similares a las bujías que se encuentran en los motores de pistón, desprendiendo un ritmo constante de chispas para encender la mezcla.

Una vez que se enciende la mezcla de combustible y aire del motor, los encendedores se pueden apagar. Al igual que una antorcha de soldadura, la combustión en un motor de turbina se mantiene simplemente inyectando combustible continuamente en los gases en llamas de la cámara de combustión. El regulador puede controlar directa o indirectamente esa cantidad de combustible (dependiendo del fabricante del motor). Los gases energizados de la combustión luego viajan hacia la parte posterior para hacer girar las turbinas de potencia, como se discutió anteriormente.

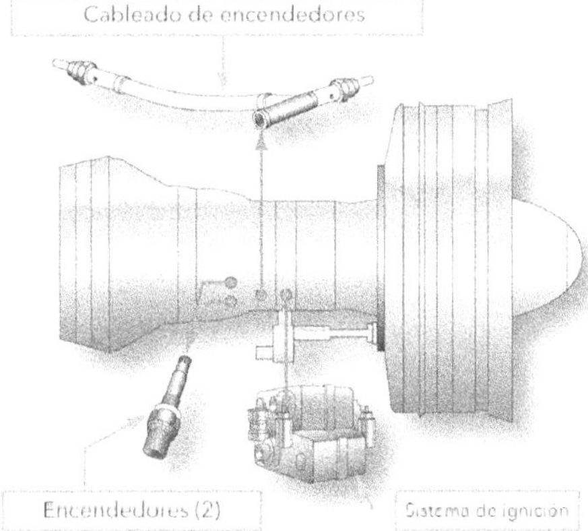

Encendido de motores en un Airbus A320

A modo de ejemplo, a continuación se analiza el procedimiento de encendido de motores en una de las aeronaves mas voladas del mundo, el modelo A320 de Airbus.

En esta imagen, se observa la pantalla de monitoreo apagada, ya que el avión aún no ha sido energizado.

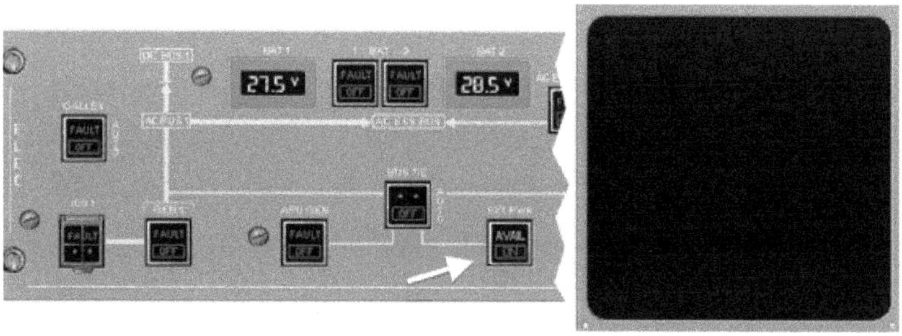

Para energizar el avión, el piloto activa el sistema de potencia externa GPU (ground power unit), el avión comienza a energizarse y enciende sus pantallas:

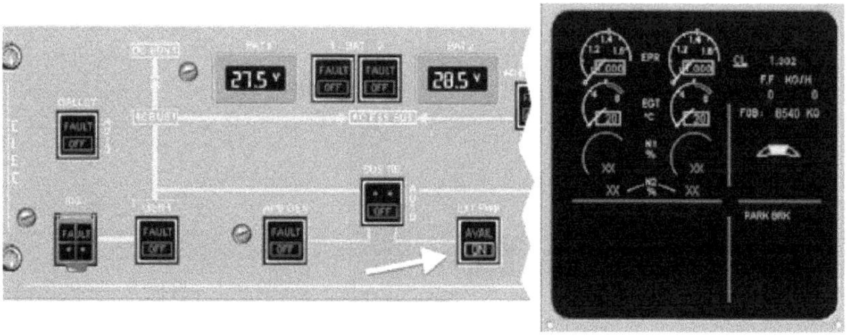

Una de las principales tareas para encender el motor es abastecer al sistema con un sangrado de aire que permite el encendido. Con el sistema del APU, es posible abastecer de aire a los motores mediante el sub sistema APU BLEED. Una vez realizada esta acción previa, el piloto puede continuar con el encendido automático de los motores.

El primer paso para el encendido de los motores, será llevar la perilla giratoria del ENG MODE SELECTOR desde la posición NORMAL a la posición ING/START.

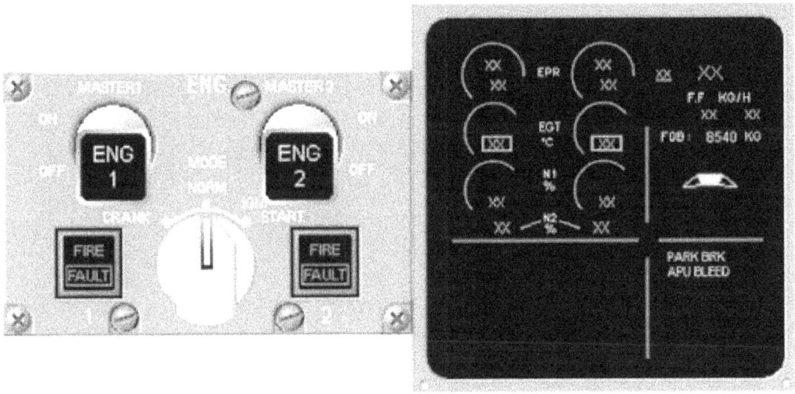

Antes de girar la perilla, los parámetros de motor en el E/WD están todos con cruces y sin información. Cuando el piloto acciona la perilla hacia la posición IGN/START, activa el sistema comienza a aparecer la información.

En el ECAM Warning Display, las cruces desaparecen y comienzan a mostrarse los parámetros de motor, por ahora todos apagados pero visibles. Por otra parte, al selecciona el modo IGN/START, también se activan otros parámetros de motor en la pagina de ENGINE en el ECAM System Display.

El paso siguiente será activar el master switch de cada motor, pero antes de continuar, veamos que información nos brindan las dos pantallas del ECAM sobre los motores y sus diferentes variables:

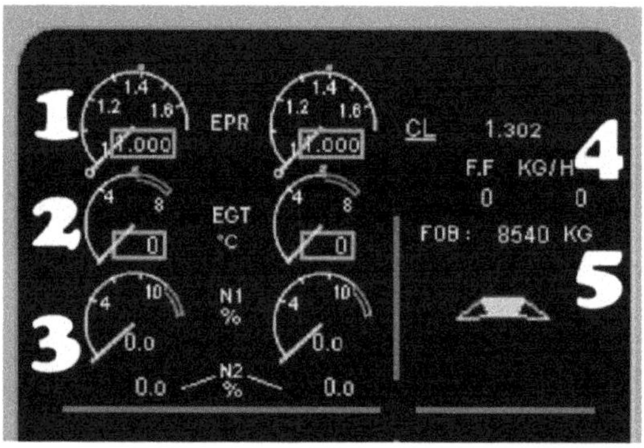

Comenzando por el E/WD, el punto uno representa la medición del EPR (Engine Pressure Ratio) ambos motores. La indicación del punto dos hace referencia al EGT (Exhaust Gas Termperature) de ambos motores. En el punto tres encontramos la indicación de los valores de N1 y N2, y por ultimo, los puntos cuatro y cinco, representan valores de combustible, FF Fuel Flow por cada motor y FOB Fuel on Board Total. Justo debajo del E/ WD, la pantalla de sistemas del ECAM se activa y muestra la pagina de ENGINE con la siguiente información:

El punto uno representa el combustible utilizado en ese preciso momento. El punto dos, la cantidad de aceite por cada motor. El punto tres la presión de aceite. El punto cuatro, las vibraciones de cada motor. Y por ultimo, el punto mas importante para el encendido, el punto cinco representa la ignición de los motores, pudiendo ser A o B, según hemos estudiado anteriormente.

Todo el sistema está listo para dar inicio al encendido de un motor. Comencemos con el motor número dos. Bastará con cambiar la posición del MASTER SWITCH de OFF a ON, solo levantando la perilla:

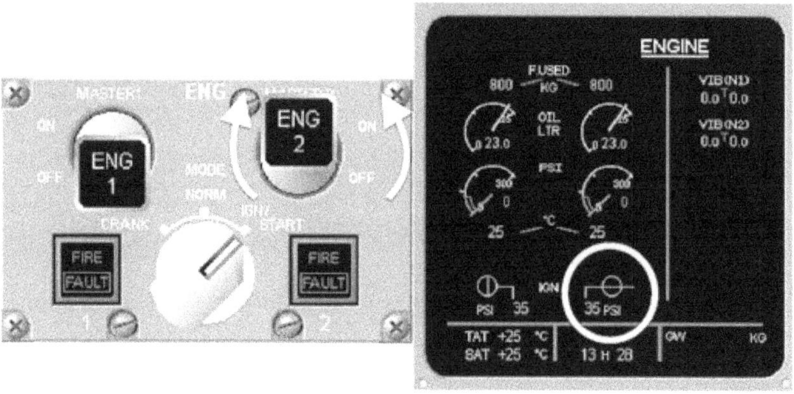

La primera indicación que cambia su información es la START VALVE del sector de "ingition", en el ECAM, pasa de la posición cerrada a la posición abierta. Al finalizar este proceso, comienzan a mostrarte otras indicaciones.

Usualmente se comienza el procedimiento de encendido de los motores por el numero dos, con el objeto de presurizar el sistema hidráulico amarillo y poder liberar el uso de la bomba eléctrica para presurizar este sistema. Luego de abrirse la START VALVE, el Fuel Used se resetea a cero, tal como lo muestra el punto uno de la siguiente imagen:

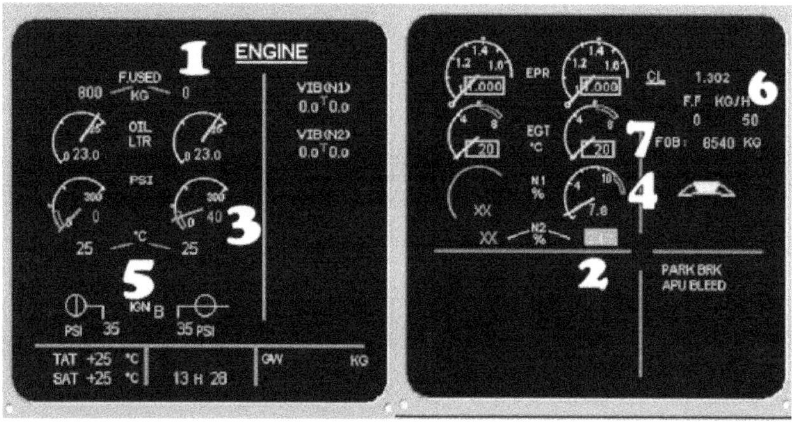

Seguido a ello, en el punto dos vemos la primera indicación de N2 de forma creciente. Volviendo el ECAM Lower Display, en el punto tres, la presión de aceite comienza a subir. Seguido a ello, en el punto cuatro, comenzamos a tener indicación de N1 al mismo tiempo que el sistema de ignición B es activado (punto cinco) y comienza el proceso de encendido. Al tener éxito este proceso, en el punto seis comenzamos a ver la indicación del Fuel Flow y por ultimo el EPR comienza a subir en el punto siete.

Cuando el valor de N2 alcanza el 43%, la START VALVE se cierra para dar por finalizado el procedimiento de encendido. El valor de N2 continua creciendo hasta, aproximadamente, un 58% y luego se estabiliza, quedando el motor completamente encendido y listo para ser utilizado.

El paso siguiente será comenzar el mismo procedimiento de encendido pero para el motor numero uno y completas la puesta en marcha de ambos motores. Daremos este paso por cumplido ya que es exactamente idéntico al anterior, pero observando los valores de las indicaciones del motor numero uno.

Tan pronto como ambos motores están con sus valores d N2 estabilizados y completamente encendidos, en el margen inferior derecho del ECAM Lower Display, aparece la información del GW (gross weight) o peso total de la aeronave. Tal como lo muestra el circulo en la imagen.

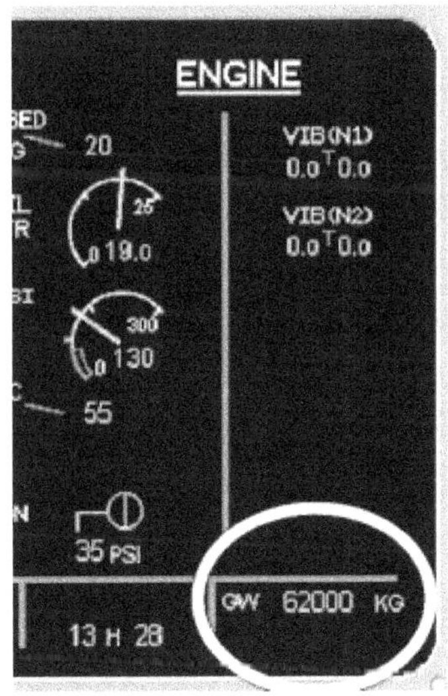

Por ultimo para finalizar la puesta en marcha, solo deberemos volver el ENG MODE SELECTOR a la posición NORMAL, girando la perilla de regreso hacia la izquierda.

Capítulo 2

Sistemas asociados a la planta de poder

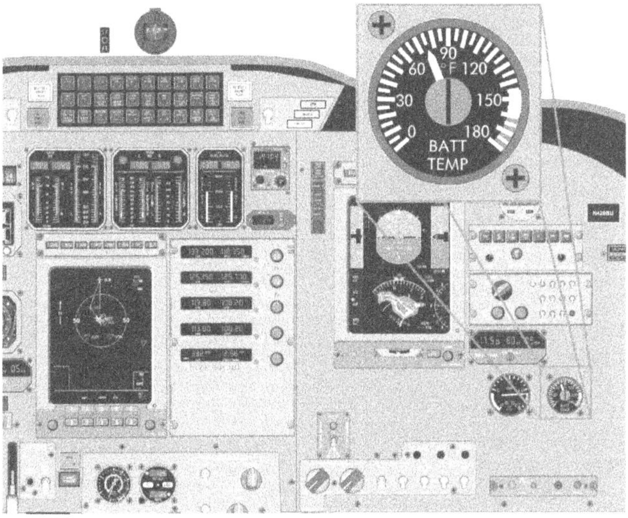

Aviation Bookstore
aviation step by step

Introducción

Los motores de las aeronaves no sólo ofrecen la potencia necesaria para generar un avance, sino que también son indispensables para el funcionamiento de sistemas secundarios, o sistemas asociados a cada uno de los motores. En este capítulo aprenderemos cómo funciona cada uno de estos sistemas en relación al funcionamiento de los motores a reacción.

Sistemas asociados

Casi toda la energía necesaria para operar una aeronave con turbina proviene en última instancia de una sola fuente: la potencia del motor. (La pequeña cantidad restante proviene de los pilotos mismos al accionar físicamente los controles). Después de haber examinado cómo funcionan los motores, ahora consideremos los sistemas que transfieren la potencia del motor hacia donde se necesita para operar la aeronave. Con fines de redundancia y funcionalidad, existen básicamente cuatro formas de transmitir la potencia alrededor de la aeronave: mecánica, eléctrica, hidráulica y neumática.

Si bien cada uno de los cuatro sistemas de potencia tiene ventajas únicas, algunas características y términos se aplican a todos. Los cuatro sistemas están interrelacionados para proporcionar diversas protecciones y funciones. A menudo, se utiliza un sistema de potencia para controlar otro en aplicaciones específicas. Por ejemplo, se puede utilizar una válvula solenoide eléctrica para dirigir la potencia hidráulica al lado adecuado de un motor hidráulico de tren de aterrizaje para la retracción o extensión. Otros ejemplos incluyen válvulas neumáticas que activan interruptores eléctricos, palancas manuales que mueven válvulas neumáticas y cilindros hidráulicos controlados eléctricamente que dirigen las puertas del tren de aterrizaje. Cualquier combinación es posible.

Uno de los propósitos de tales disposiciones es influir en lo que sucede en caso de diversos tipos de fallas. Si se pierde la energía eléctrica, ¿en qué dirección fallarán varias válvulas e interruptores? ¿Y en caso de una falla hidráulica? Los interruptores y válvulas importantes están diseñados para funcionar de manera predecible en caso de una determinada falla del sistema.

Sistema eléctrico

Mientras que los sistemas eléctricos son fundamentalmente similares para todas las aeronaves, los aviones de turbina tienen la complejidad de muchos sistemas eléctricos. Vuelan bajo extremos de temperatura, altitud y humedad, y requieren sistemas ambientales de cabina extensos y comodidades para los pasajeros. En consecuencia, los sistemas eléctricos de estas aeronaves son complejos, sofisticados y redundantes para garantizar la seguridad. Es importante recordar que un circuito eléctrico en funcionamiento siempre debe formar un bucle completo. Si el circuito eléctrico se interrumpe, el sistema deja de funcionar.

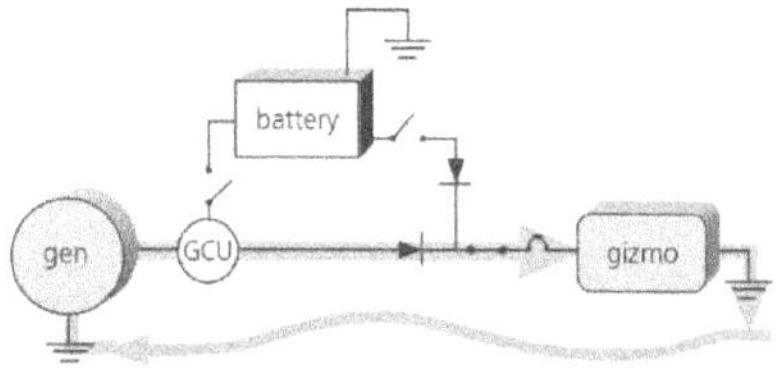

El generador abastece al sistema

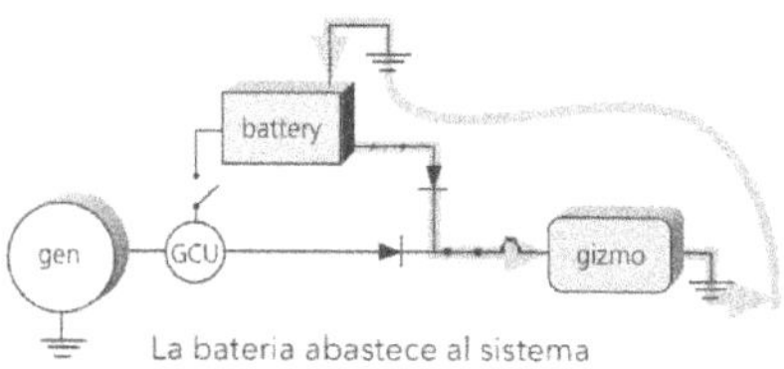

La bateria abastece al sistema

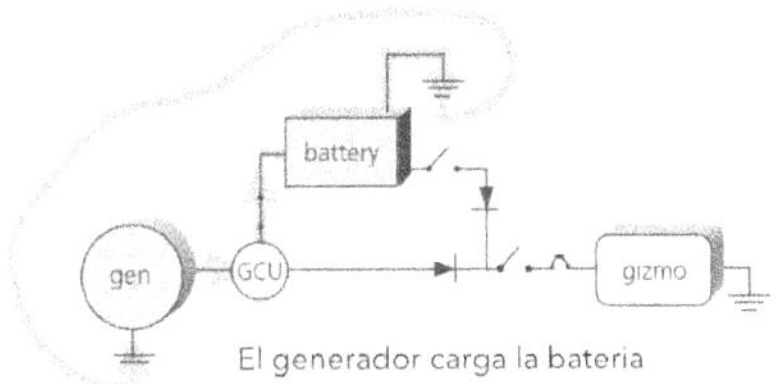

El generador carga la bateria

En las aeronaves, los cables transportan energía eléctrica a los dispositivos de cada circuito. El "retorno" de la electricidad para completar cada circuito se realiza normalmente a través de la estructura metálica de la aeronave, también conocida como tierra. Cada sistema eléctrico está compuesto por uno o más circuitos que contienen fuentes de energía, componentes alimentados por cada circuito, dispositivos de control para operar los circuitos y dispositivos de protección del circuito para proteger los componentes del sistema contra daños debido a fallas.

Fuentes del sistema eléctrico

Generador

El generador de energía impulsado por el motor en el sistema eléctrico es el corazón del sistema. Las salidas del generador se puede medir utilizando parámetros de presión y volumen de flujo. En términos eléctricos, la presión eléctrica o voltaje de salida del generador se mide en voltios. Su volumen de salida o flujo se conoce como corriente y se mide en amperios (amperios).

Los generadores producen electricidad al mover imanes permanentes alrededor de una bobina de alambre, lo que estimula el flujo de electrones en la bobina. En aeronaves modernas, son impulsados por el motor y a veces por una unidad de potencia auxiliar (APU, por sus siglas en inglés), si está instalada. Así como una bomba de agua presurizará un sistema de agua sellado hasta casi su propia presión, un generador impulsa su circuito asociado prácticamente a su propio voltaje. Dado que los generadores están diseñados para producir un voltaje más o menos constante, la variable en la potencia requerida para impulsar varios componentes siempre se define en corriente (amperios). La corriente necesaria para operar cada componente eléctrico en relación con el circuito se conoce como su carga.

En consecuencia, un generador debe tener una capacidad nominal de amperaje adecuada para alimentar todos los componentes en funcionamiento en su circuito. Digamos que un circuito tiene seis dispositivos en él, cada uno con una capacidad nominal de 5 amperios. Un generador dedicado a ese circuito necesita suministrar al menos 30 amperios (5 amperios × 6 dispositivos) para poder hacer funcionar los seis dispositivos al mismo tiempo.

Por supuesto, en un avión cada generador alimenta muchos circuitos. A veces, los generadores pueden no ser capaces de proporcionar suficiente energía para todo lo que está encendido. Un ejemplo sería la falla de uno de los generadores impulsados por el motor en un avión bimotor. Mientras que dos generadores en funcionamiento alimentarán la mayoría de las cosas en el avión al mismo tiempo, uno solo podría no ser suficiente. En ese caso, sería necesario realizar una reducción de carga eléctrica. (No, no es necesario tirar nada por la ventana). Suficiente equipo eléctrico debe ser apagado para reducir la carga eléctrica dentro de la capacidad del generador en funcionamiento. Algunos sistemas eléctricos están diseñados para realizar automáticamente la "reducción de carga”.

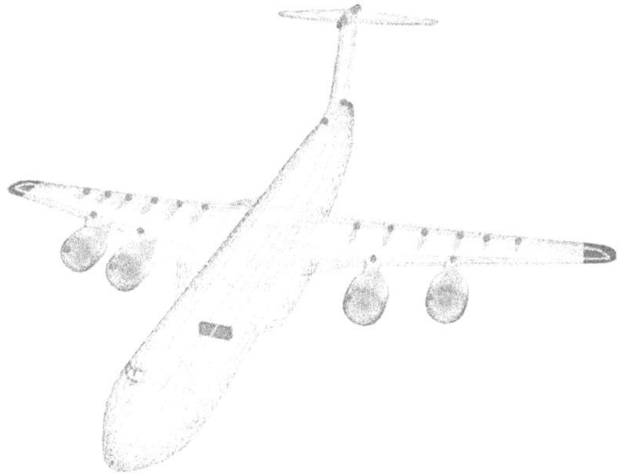

Algunas palabras son necesarias respecto a la terminología de los generadores. En automóviles y aviones ligeros, el término "generador" se ha asociado con un dispositivo que genera corriente directa (o DC), mientras que los alternadores generan corriente alterna (AC). Sin embargo, en aviones con turbinas, generalmente escucharás que esos dispositivos se refieren como "generadores de corriente continua" (DC generators) y "generadores de corriente alterna" (AC generators).

La mayoría de los aviones modernos se alimentan eléctricamente mediante generadores de corriente alterna. Especialmente en aviones grandes, la mayoría de los dispositivos eléctricos de alto consumo (como bombas hidráulicas eléctricas y calentadores de parabrisas) funcionan con corriente alterna. La corriente alterna se convierte en corriente continua para alimentar los sistemas de corriente continua. Algunos aviones tienen tanto generadores de corriente alterna como corriente continua instalados, pero en la mayoría de los casos, cuando escuchas el término "generador" en un avión moderno con turbina, asume que es un generador de corriente alterna.

Es importante tener en cuenta que un motor eléctrico es simplemente lo opuesto a un generador. En un motor, la electricidad canalizada a través de una bobina crea un electromagneto que funciona contra imanes fijos para hacer girar un eje. En muchas instalaciones de turbinas más pequeñas, el generador de cada motor también se utiliza como motor de arranque. Con este tipo de motor de arranque/generador, la diferencia radica simplemente en si el dispositivo está siendo impulsado eléctricamente por una batería (u otra fuente de energía) para hacer girar el motor o el generador está siendo impulsado mecánicamente por el motor para producir electricidad.

Tipos de generadores

Muchos manuales de aeronaves utilizan el término "generador de accionamiento integrado" (IDG, por sus siglas en inglés) al hablar del generador de la aeronave. Un generador de accionamiento integrado es simplemente un generador conectado a una unidad de accionamiento de velocidad constante (CSD, por sus siglas en inglés) que actúa como una caja de cambios automática para mantener una frecuencia de salida de corriente alterna constante del generador, independientemente de las RPM del motor. La principal desventaja de este tipo de generador es el peso elevado de la caja de cambios CSD.

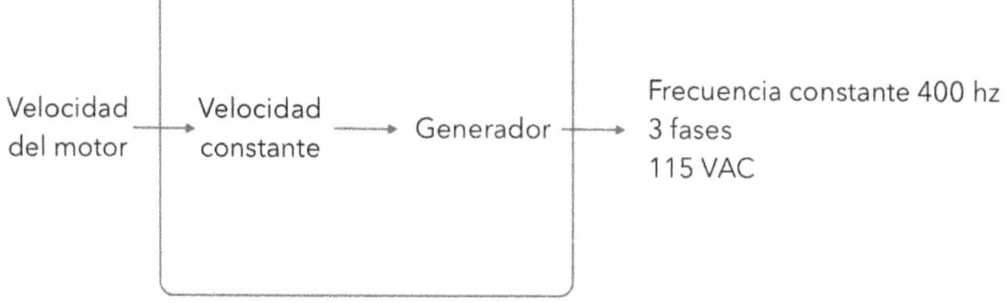

Aunque es poco común, es posible que un IDG/CSD, que se enfría por aire y aceite, se sobrecaliente y active un mensaje de advertencia o una luz de aviso en la cabina. Cuando esto sucede, la tripulación de vuelo puede desconectar el generador del accionamiento de accesorios del motor al activar un interruptor de desconexión IDG/CSD en el panel eléctrico. Una vez desconectado en vuelo, el generador solo puede volver a conectarse en tierra por personal de mantenimiento. Por esta razón, la mayoría de los interruptores IDG/CSD cuentan con una cubierta de interruptor protegida y asegurada con alambre para evitar activaciones involuntarias.

Algunas aeronaves utilizan un generador de frecuencia constante de velocidad variable (VSCF, por sus siglas en inglés). Con este sistema, la frecuencia de salida de corriente alterna del generador se permite aumentar y disminuir con los cambios en las RPM del motor y a veces se le llama "frecuencia salvaje". En lugar de utilizar una caja de cambios CSD pesada para impulsar mecánicamente el generador a una RPM constante y producir una frecuencia constante, los sistemas VSCF utilizan una unidad de control de energía electrónica para convertir la salida de frecuencia variable a una frecuencia constante estándar utilizable (por ejemplo, 400 Hz).

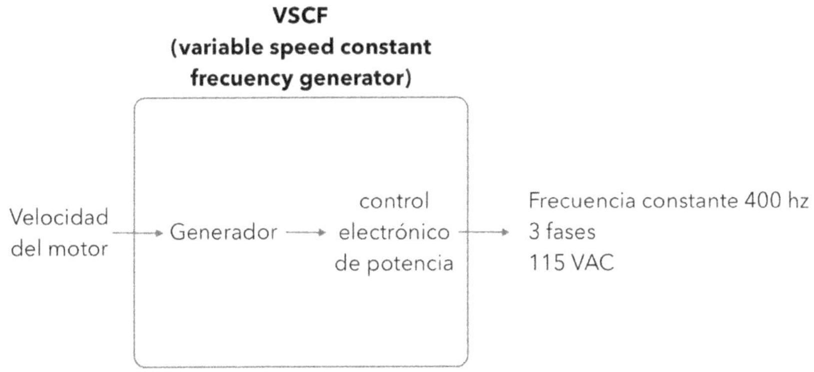

Aeronaves más nuevas y jets de negocios utilizan generadores de frecuencia variable (VFG) en lugar de las fuentes de energía de frecuencia constante tradicionales. Estos generadores están acoplados directamente a los motores y suministran frecuencias de corriente alterna variables de 360 a 800 Hz según la velocidad del motor.

Los sistemas de generadores de frecuencia variable ofrecen algunas ventajas distintas sobre sus predecesores, como un menor peso, una mayor confiabilidad y una mayor eficiencia. Además, la energía generada por dichos sistemas puede ser consumida directamente por dispositivos no sensibles a la frecuencia, como equipos de cocina y sistemas de deshielo eléctrico. Los dispositivos que requieren una frecuencia eléctrica constante son suministrados por unidades de control de energía electrónica dedicadas, como las asociadas con los generadores VSCF. Los dispositivos que requieren corriente directa son suministrados por transformadores-rectificadores.

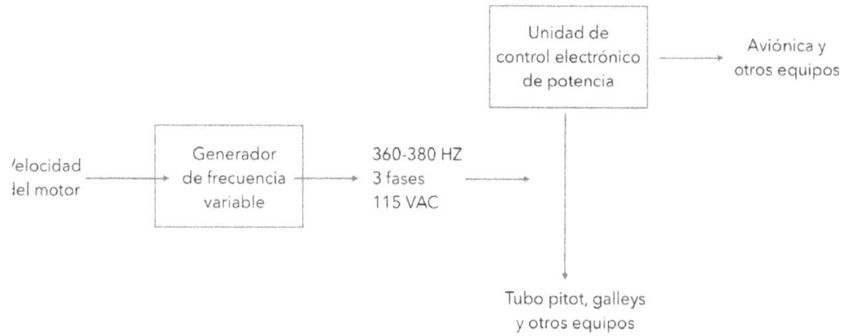

Batería

La batería se puede considerar como un depósito de energía que almacena energía eléctrica en forma química. La energía debe ser enviada a la batería desde otra fuente (el generador del avión). La batería luego puede actuar como una fuente de energía en sí misma, hasta que se agote la energía almacenada. Una vez cargada, una batería suministrará a su circuito, durante un período de tiempo limitado, un voltaje y una corriente. En consecuencia, las baterías se califican en voltios y amperios-hora.

A menudo las personas se confunden por qué los voltajes de la batería y del generador no son iguales en un sistema dado. En un sistema eléctrico, el voltaje del generador debe superar al voltaje de la batería para cargarla. Por lo tanto, el voltaje de la batería siempre es un poco menor que el voltaje del generador en un sistema dado. (La batería normalmente tiene una calificación un poco superior a 24V en un sistema de 28V).

Las calificaciones en amperios-hora de la batería simplemente indican cuántos amperios la batería (completamente cargada) está diseñada para proporcionar durante un determinado período de tiempo. Si estás interesado en saber cuánto durará tu batería después de una falla del generador, simplemente suma las cargas, en amperios, de los componentes eléctricos en funcionamiento y divídelo por la calificación en amperios-hora de la batería. Por ejemplo, una batería completamente cargada de 30 amperios-hora teóricamente suministrará 30 amperios durante una hora, 15 amperios durante dos horas o 60 amperios durante media hora. Para determinar de manera conservadora las cargas de los componentes, simplemente suma las calificaciones de amperaje que están estampadas en los interruptores de circuito (CBs) de los componentes en funcionamiento. Es posible que te sorprendas de lo poco que queda de reserva en la batería.

Las regulaciones internacionales requieren treinta minutos de operación disponible con la energía de la batería. Sin embargo, eso se basa en cargas eléctricas reducidas adecuadamente y en una batería nueva y completamente cargada. Puedes ver que en caso de una falla total del generador, se necesita habilidad y tal vez algo de suerte para identificar rápidamente la reserva de la batería, descender y aterrizar antes de perder todo el sistema eléctrico.

Además de almacenar energía, las baterías tienen otra característica práctica. Una batería actúa como un amortiguador en un circuito porque (una vez más, como un resorte o un depósito) puede absorber una sobretensión o "pico" de energía eléctrica que de otra manera podría dañar los componentes del circuito.

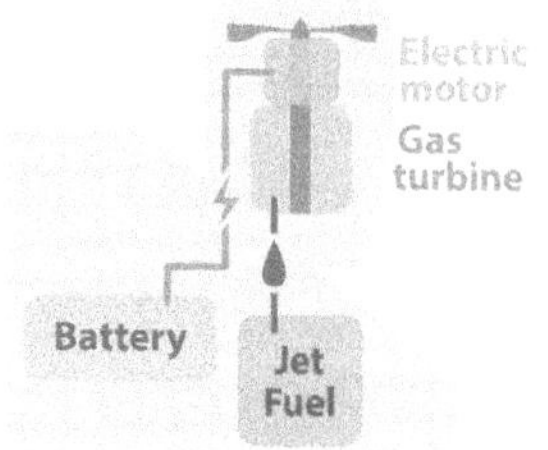

Los generadores y la batería alimentan, a través de muchos circuitos, todos los dispositivos y sistemas eléctricos del avión, incluyendo iluminación, aviónica, motores eléctricos y muchos instrumentos de vuelo. Si bien los circuitos normalmente pueden ser alimentados tanto por el generador como por la batería, la batería no proporciona suficiente energía a lo largo del tiempo como para ser útil como única fuente de energía eléctrica. De hecho, en aviones grandes, muchos dispositivos eléctricos no se pueden operar cuando solo se dispone de energía de la batería. Los generadores alimentan eficazmente todo durante el vuelo, mientras que la batería actúa solo como un depósito y amortiguador. Lo mismo suele ocurrir en la puerta de embarque: la energía en tierra proveniente de un enchufe de corriente alterna, una Unidad de Potencia Auxiliar (APU) o una unidad de potencia en tierra (GPU, un generador o carro de baterías) alimenta los sistemas del avión y mantiene la batería cargada.

Aquí vale la pena discutir algunos puntos adicionales sobre las baterías de aviones de turbina. La mayoría de los motores de aviones de turbina más pequeños se arrancan utilizando arrancadores eléctricos o arrancadores/generadores. Se requiere mucha energía eléctrica para arrancar un motor de turbina. Durante aproximadamente medio segundo, un arranque promedio de un motor de turbina requiere casi 2,000 amperios. Por lo tanto, un arranque con batería requiere una batería en muy buenas condiciones. Dado que las baterías débiles pueden causar un arranque en caliente del motor, es necesario verificar el estado de la batería antes de cada intento. (Las baterías débiles causan arranques en caliente porque no logran hacer girar adecuadamente los compresores del motor.

Por lo general, el voltaje mínimo de la batería para un arranque con batería es de alrededor de 22V en un sistema de 28V. De lo contrario, el piloto debe solicitar una unidad de alimentación en tierra (GPU) para obtener ayuda en el arranque. Muchos operadores de turbinas utilizan GPUs para el arranque siempre que estén disponibles, con el fin de reducir el desgaste de sus motores costosos y baterías.

Tipos de baterías

En los aviones de turbina, se encuentran comúnmente dos tipos diferentes de baterías. Los turbopropulsores más pequeños suelen tener el mismo tipo básico de batería de plomo-ácido que se encuentra en aviones de pistón y automóviles. Cada vez más, los vehículos de turbina están equipados con baterías de níquel-cadmio (Ni-cad). Las Ni-cad son mucho más caras que los modelos de plomo-ácido, pero tienen algunas ventajas distintas. Mantienen un voltaje constante durante un período de tiempo más prolongado, mientras que las baterías de plomo-ácido tienden a disminuir más rápidamente. Las baterías Ni-cad se

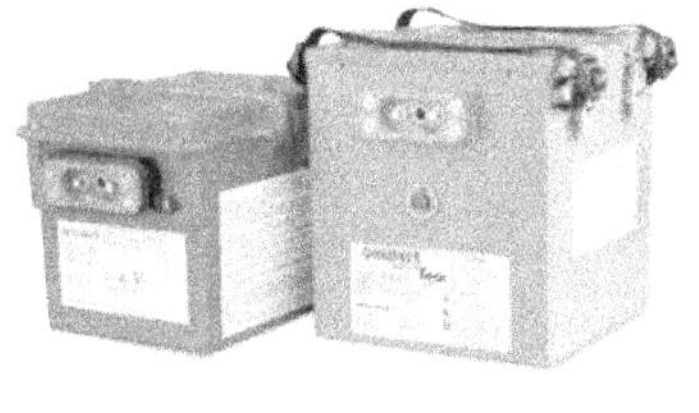

recuperan rápidamente después de un uso intenso y también pueden suministrar mucha corriente. Dado que una batería débil puede causar un arranque en caliente dañino del motor, muchos operadores consideran que las Ni-cad valen la inversión adicional.

Sin embargo, las baterías Ni-cad también tienen algunas desventajas en comparación con las baterías de plomo-ácido. Una de ellas es su característica de memoria. Si una batería Ni-cad se mantiene casi siempre completamente cargada, tiende a perder parte de su capacidad para hacer frente a situaciones más exigentes. Por ejemplo, si las unidades de alimentación en tierra (GPU) se utilizan en cada arranque durante varios meses, la batería se acostumbra a proporcionar solo energía limitada y luego recuperarse en un corto período de tiempo.

Es posible que luego no pueda suministrar suficiente energía para un arranque con batería. Cuando esto sucede, la batería debe ser retirada por mantenimiento y sometida a una descarga profunda. Esto se refiere al proceso de descargar completamente la batería y luego recargarla lentamente con un cargador de goteo. (¿Utilizas una maquinilla de afeitar o una linterna recargable? Estas también tienen baterías Ni-cad, por si quieres probar los principios de la memoria de la batería y la descarga profunda). Se puede ver que es un buen mantenimiento preventivo realizar arranques con batería, al menos periódicamente, para ejercitar la batería.

Finalmente, las baterías Ni-cad a veces están sujetas a un fenómeno llamado "runaway térmico" (a veces también conocido como "runaway de la batería"). El runaway térmico ocurre cuando se extrae un exceso de corriente de la batería y luego se vuelve a cargar. La batería se sobrecalienta y comienza a autodestruirse. A menos que se atienda a tiempo, a veces no se puede detener el sobrecalentamiento hasta que la batería se destruye completamente físicamente. Algunas aeronaves tienen indicadores de temperatura de la batería en la cabina para detectar esta condición, mientras que en otras ocasiones solo se pueden realizar pruebas eléctricas por parte de los pilotos.

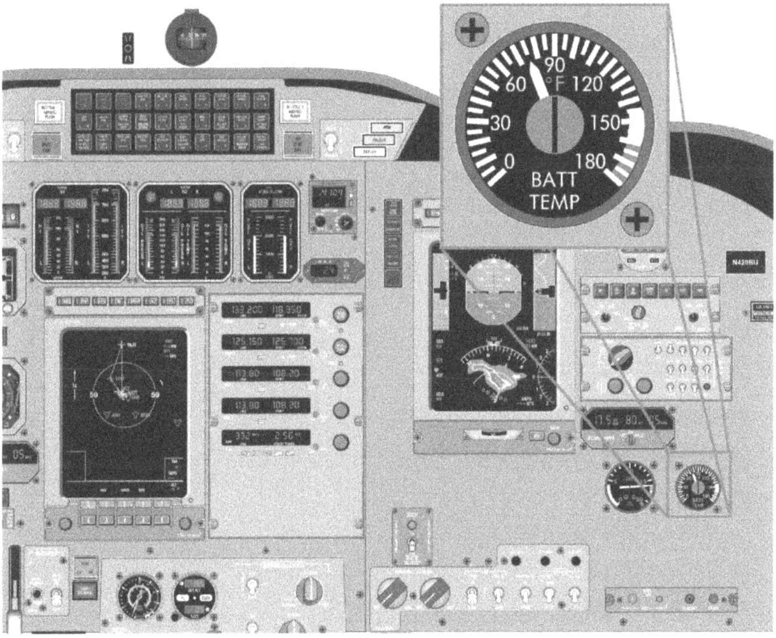

En cualquier caso, el runaway térmico puede ser un problema muy grave. El procedimiento consiste en aislar de inmediato la batería de todos los demás circuitos y realizar un aterrizaje inmediato. Las baterías descontroladas pueden dañar potencialmente otros componentes eléctricos, causar incendios y dañar la estructura de la aeronave debido a la liberación de sustancias químicas internas de la batería. En algunos casos, una batería descontrolada puede, en circunstancias extremas, quemarse a través de su compartimento y caer fuera de la aeronave.

Dispositivos de control

Los dispositivos de control en cada circuito eléctrico miden la electricidad para operar los sistemas y componentes de la aeronave. Los interruptores de accionamiento manual van desde simples interruptores de encendido/apagado para luces y radios, hasta interruptores maestros de la aeronave y aviónica que controlan el suministro eléctrico a muchos elementos diferentes al mismo tiempo. Los reóstatos ajustan el flujo eléctrico hacia dispositivos variables como luces de instrumentos. Los interruptores mecánicos remotos se utilizan para fines como los interruptores de límite (por ejemplo, para apagar el motor del flap cuando los flaps están completamente retraídos) y los "interruptores de squat" (para confirmar, cuando están cerrados, que el tren de aterrizaje está desplegado y el peso está sobre las ruedas).

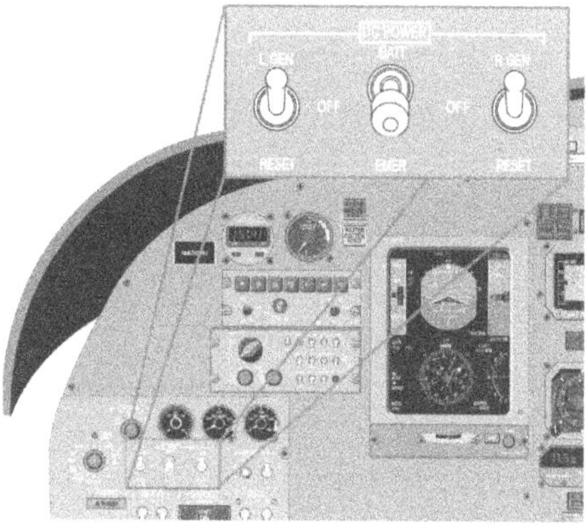

Los relays y solenoides son dispositivos de conmutación controlados de forma remota o automática y construidos alrededor de electromagnetos. En cada dispositivo, se envía una pequeña cantidad de corriente a través de una bobina para mover un interruptor o un eje. Los relays se utilizan para controlar de forma remota circuitos eléctricos que transportan grandes cantidades de corriente. (Los dispositivos de estado sólido de tecnología más nueva están reemplazando los relays en muchas aplicaciones). Un solenoide también es un dispositivo de control remoto alimentado eléctricamente, pero está diseñado para mover un eje sobre una corta distancia cuando está energizado. Los solenoides se utilizan para operar de forma remota válvulas hidráulicas y neumáticas, así como pequeños dispositivos mecánicos y otros interruptores.

Los relays, solenoides y dispositivos asociados son muy importantes en las aeronaves modernas debido a la tendencia hacia sistemas informatizados. Permiten el control electrónico remoto de todo tipo de sistemas de la aeronave, ya sea hidráulica, neumática o eléctricamente alimentados.

Dispositivos de conversión eléctrica

En la actualidad, la mayoría de las aeronaves a turbina más grandes requieren una variedad de diferentes tipos de energía eléctrica. Mientras que una luz de navegación o una radio requieren poca energía del sistema para funcionar, el consumo de un motor eléctrico de los flaps puede ser enorme. Para satisfacer adecuadamente estas necesidades variadas, se requieren diferentes tipos de energía eléctrica. Muchos elementos de uso general funcionan con 28V de corriente continua (CC). La corriente alterna (CA) a menudo impulsa elementos de alto consumo en aeronaves más grandes.

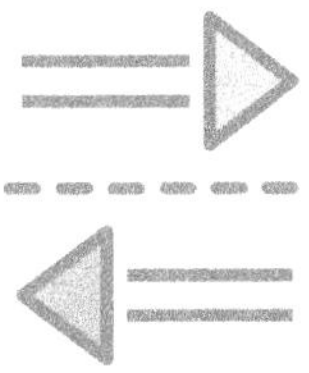

Se requiere una serie de dispositivos de conversión eléctrica para adaptar los requisitos de energía variables de los componentes eléctricos de la aeronave a las fuentes disponibles. Los transformadores se utilizan para ajustar la tensión del sistema (generalmente hacia abajo) para aplicaciones específicas. Las unidades transformador-rectificador (TRU) convierten la salida del generador de CA en CC.

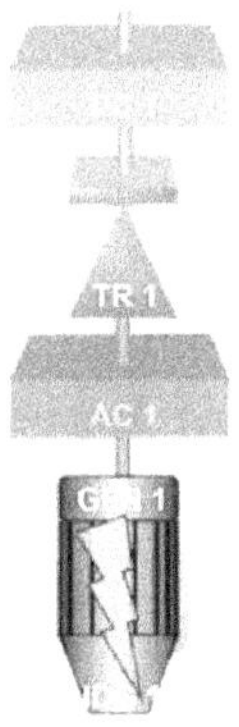

Algunos instrumentos eléctricos de vuelo, como los giroscopios y algunos instrumentos de motor, suelen funcionar con una corriente alterna de baja potencia de 26V. Los inversores convierten la corriente continua en corriente alterna para este propósito. (Por cierto, los instrumentos alimentados por corriente alterna fallan de manera diferente a los instrumentos alimentados por corriente continua. El viejo dicho es "la corriente alterna miente, la corriente continua se apaga". Mientras que un medidor de corriente continua va a cero cuando se desconecta la alimentación, una aguja de corriente alterna se congela en el lugar donde estaba cuando se perdió la alimentación).

Sistema de barra de distribución

La característica principal de seguridad de los sistemas eléctricos sofisticados de las aeronaves es la redundancia. Se utilizan múltiples fuentes de energía, cada una protegida contra las fallas de las demás y capaces de alimentar una amplia y superpuesta variedad de equipos. Esto se logra mediante el uso de un sistema de barras colectoras eléctricas, lo que significa que el sistema eléctrico de la aeronave está organizado cuidadosamente en un conjunto de circuitos separados pero interconectados. Los sistemas de barras colectoras permiten aislar los circuitos importantes entre sí y suministrarles energía a través de fuentes de alimentación alternativas en caso de falla.

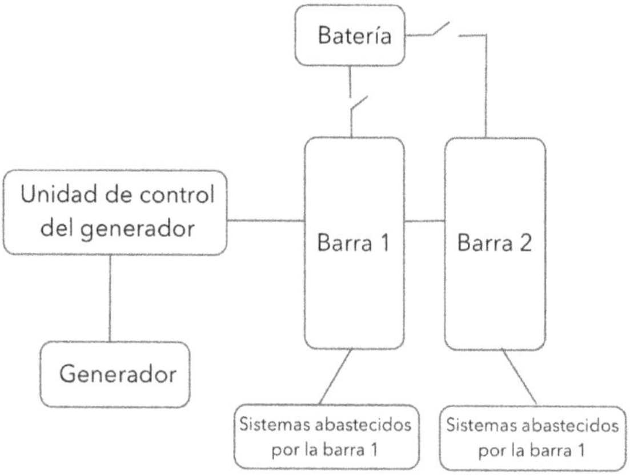

Se configura un sistema de barras colectoras de modo que cada fuente de alimentación suministre una o más barras específicas. Cada barra se puede considerar como una especie de colector eléctrico, con una variedad de elementos conectados a ella para obtener energía. Las barras están interconectadas a través de dispositivos de protección de circuitos de algún tipo para que, en caso de una falla en una barra, otras barras se desconecten instantáneamente para evitar que también se vean afectadas. Además, una barra que haya perdido su fuente de alimentación normal debido a una falla a menudo puede recibir energía de manera alternativa a través de otra fuente, a través de otra barra.

Veamos cómo se configuran las barras eléctricas para proporcionar protección a través de la redundancia. Si dos sistemas de seguridad importantes de la aeronave se respaldan mutuamente, cada uno estará ubicado en una barra separada para evitar la pérdida simultánea de ambos debido a un problema eléctrico.

Cada generador accionado por un motor, por ejemplo, normalmente impulsa su propia "barra del generador", en la cual se encuentran normalmente los elementos que consumen más energía en la aeronave. Los elementos redundantes se dividirán entre las barras. El calentador del parabrisas del piloto y el calentador de la ventanilla trasera del copiloto podrían recibir energía de la barra del generador izquierdo, mientras que el calentador del parabrisas del copiloto y el calentador de la ventanilla trasera del piloto se encuentran en la barra del generador derecho. De esta manera, si alguna de las barras del generador falla durante condiciones de formación de hielo, alguien debería poder ver a través del parabrisas para aterrizar.

Elementos como los extintores de incendios incorporados y las luces de emergencia suelen recibir energía de una "barra de batería caliente". De esta manera, tienen energía para su uso incluso cuando no hay energía del generador disponible y todos los interruptores están apagados. Una "barra de batería" se alimenta normalmente del interruptor maestro de la aeronave para que las radios, la iluminación y algunos otros elementos puedan funcionar con la batería cuando los motores no están en funcionamiento. Puedes ver por qué el calentador eléctrico del parabrisas no estaría en esa barra. Agotaría la batería en cuestión de minutos y, de todos modos, ¿quién lo necesita cuando está en la plataforma?

La mayoría de los sistemas de las aeronaves están configurados para que las barras de batería puedan ser alimentadas por los generadores en caso de que la batería falle en pleno vuelo. Algunas barras de generador también pueden ser alimentadas selectivamente por la batería, pero no durante mucho tiempo. (Las demandas eléctricas son demasiado altas).

Dispositivos de protección

Se utilizan una variedad de dispositivos para proteger los componentes del sistema contra daños debido a fallas. Los interruptores de circuito reiniciables (CB, por sus siglas en inglés) se desconectan automáticamente cuando los componentes individuales están consumiendo demasiada corriente. Es importante conocer los procedimientos para restablecerlos en cada aeronave. En algunas aeronaves, los pilotos no deben restablecer los CB, excepto en casos de emergencia. Más comúnmente, el CB se reinicia solo una vez y luego se deja así como queda. Por cierto, el CB se desconecta cuando su carcasa se expande debido al calor. Si no se ha enfriado, no se reiniciará, incluso si el componente está bien. Aguarda unos momentos antes de intentar reiniciarlos.

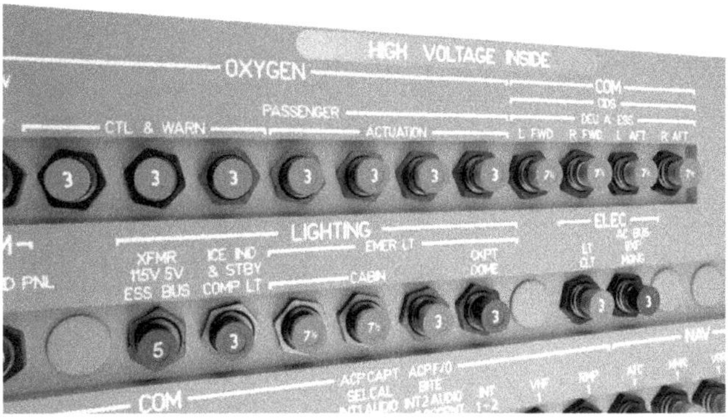

También se pueden utilizar limitadores de corriente y fusibles para abrir circuitos que están consumiendo demasiada corriente. Pueden aislar componentes específicos o una barra de otra. A diferencia de los CB, no se pueden reiniciar y generalmente deben ser reemplazados por el personal de mantenimiento después de abrir sus circuitos. La mayoría de los fusibles se funden de manera casi instantánea, pero en algunos casos se utilizan fusibles de retardo o limitadores de corriente cuando se necesita una corriente más alta de lo normal durante períodos cortos de tiempo (por ejemplo, durante los ciclos de arranque del motor).

Los diodos corresponden a las válvulas de retención en un sistema de agua; permiten que la electricidad fluya solo en una dirección a través de un circuito, protegiendo así a los componentes "aguas arriba" del flujo eléctrico en la dirección incorrecta.

Los dispositivos electrónicos de protección de circuitos incluyen una amplia variedad de sensores automáticos y sistemas de conmutación controlados por computadora. Entre los más comunes se encuentran las unidades de control de generador (GCU) mencionadas anteriormente, que protegen a los generadores y sus barras asociadas de fallas. A veces se utilizan dispositivos de efecto Hall para proteger contra sobrecargas unidireccionales de corriente, generalmente entre barras. Algunas aeronaves, como el Dash-8, tienen unidades sofisticadas de protección de barra de bus computarizadas, que monitorean y protegen electrónicamente todo el sistema eléctrico de barras de bus de fallas.

Las conexiones de barra de bus son interruptores o relés utilizados para conectar o desconectar las barras entre sí. Sirven para aislar las barras fallidas de las que funcionan correctamente y pueden ser accionados manual o automáticamente, según la instalación específica de la aeronave. Las conexiones de barra de bus también se utilizan para redirigir la energía eléctrica a las barras que han perdido sus fuentes de energía normales.

Generador eléctrico de emergencia

Como discutimos anteriormente en la sección de la batería, para que un sistema de batería sea considerado apto para el vuelo, debe proporcionar al menos treinta minutos en una configuración eléctrica de emergencia para alimentar los elementos indispensables. Sin embargo, las aeronaves con motor de turbina a menudo realizan operaciones de mayor alcance donde treinta minutos de respaldo eléctrico pueden resultar insuficientes.

Además, las aeronaves con motor de turbina tienen cargas eléctricas más altas y entornos de vuelo más exigentes que los aviones ligeros de pistón en los que muchos de nosotros nos hemos entrenado. Por lo tanto, la mayoría de las aeronaves con motor de turbina están equipadas con sistemas de generación de energía de emergencia.

Una unidad de potencia auxiliar (APU, por sus siglas en inglés) es un motor de turbina pequeño que generalmente se encuentra en la cola de una aeronave y está diseñado para proporcionar energía eléctrica suplementaria según sea necesario. En situaciones de emergencia, la mayoría de las APUs se pueden iniciar en vuelo y operar durante el tiempo necesario para suministrar la energía eléctrica necesaria hasta que se aterrice de manera segura. Muchas APUs pueden manejar toda la carga eléctrica de una aeronave sin ayuda de los generadores principales impulsados por el motor.

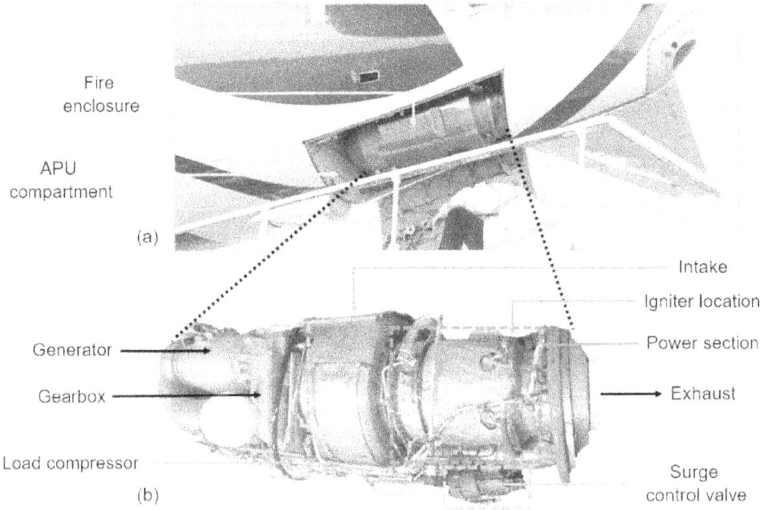

Los generadores de respaldo impulsados por el motor también se pueden instalar cerca, pero de manera independiente, de los generadores eléctricos principales de una aeronave. El sistema más común de estos utiliza un generador de frecuencia variable como fuente eléctrica de respaldo en caso de que el generador principal impulsado por el motor falle.

Un generador hidráulico-motor (HMG, por sus siglas en inglés) o un generador accionado hidráulicamente (HDG, por sus siglas en inglés) es simplemente un generador eléctrico que gira mediante fluido hidráulico bajo presión de una bomba hidráulica, en lugar de ser impulsado mecánicamente directamente por un motor. En concepto, el HMG realiza la función opuesta de una bomba hidráulica impulsada eléctricamente, similar a nuestra discusión anterior sobre arrancadores/generadores. En lugar de la energía eléctrica impulsando la bomba hidráulica, la bomba hidráulica impulsa el generador que produce energía eléctrica. Por lo general, un HMG solo se utiliza después de la pérdida de los generadores de energía eléctrica principales de la aeronave, generando suficiente energía para alimentar la mayor parte del lado del capitán de la cabina, incluyendo la computadora de gestión de vuelo y las pantallas electrónicas de vuelo.

Una turbina de aire de emergencia (RAT, por sus siglas en inglés) también puede utilizarse para generar energía eléctrica de emergencia en caso de una pérdida total de los generadores principales impulsados por el motor. Una RAT es una turbina impulsada por aire que normalmente se encuentra en la parte inferior del fuselaje de la aeronave. En caso de una pérdida de toda la energía eléctrica generada por el motor, la RAT puede extenderse automáticamente o manualmente hacia la corriente de aire de la aeronave, donde comenzará a girar, generando suficiente energía eléctrica para alimentar cargas de emergencia como la navegación de respaldo del capitán y los instrumentos de vuelo esenciales.

Sistema hidráulico

Los extensos sistemas hidráulicos que se encuentran en las aeronaves grandes pueden resultarte totalmente desconocidos si has estado volando aviones de motor alternativo más pequeños de modelos recientes o turbopropulsores ligeros. Los únicos sistemas hidráulicos que generalmente se encuentran en esos vehículos más pequeños son sistemas de frenos simples y, en algunos aviones, sistemas hidráulicos autónomos de "unidad de potencia" para la extensión y retracción del tren de aterrizaje. Los sistemas hidráulicos se basan en el principio simple de que los fluidos son flexibles pero no compresibles. Supongamos que tienes un tubo largo lleno de fluido. Si se aplica una fuerza al fluido en un extremo del tubo, esa fuerza se transmite, prácticamente sin pérdidas, hasta el otro extremo.

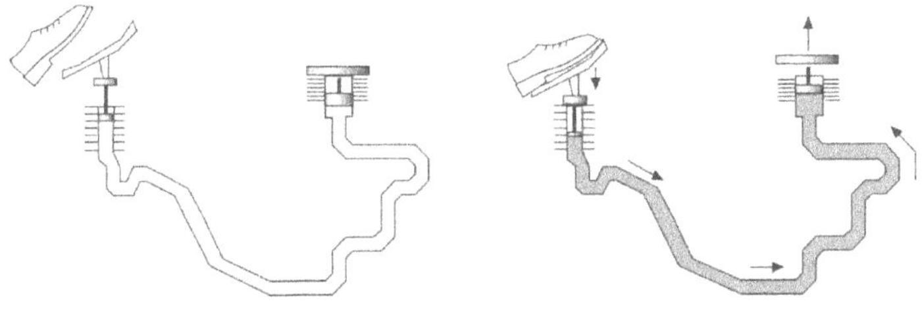

Esto se puede ilustrar, a nivel más básico, considerando un sistema de frenos básico como el que se encuentra en un avión bimotor ligero (o incluso en un Cessna 152, por ejemplo). El requisito de transmisión de potencia es directo. La presión creada por la fuerza de tu pie debe transmitirse a los frenos de disco en las ruedas para detener el avión.

Esto podría haberse logrado utilizando cables y palancas, pero como aprendieron los primeros fabricantes de automóviles, los cables se estiran y los enlaces mecánicos se desgastan con el tiempo. Además, debido a la fricción mecánica, gran parte de la fuerza aplicada por tu pie se pierde antes de llegar a los frenos. Además, se necesita una conexión pesada y compleja para dirigir la fuerza mecánica alrededor de todas esas curvas entre tu pie y los frenos. La solución son los frenos hidráulicos. Un simple pistón en el cilindro maestro de freno bajo tu pie aplica fuerza, a través de una línea de freno sin fricción y flexible, a un pistón similar en el cilindro esclavo de los frenos. A su vez, el cilindro esclavo convierte la presión hidráulica en fuerza mecánica para comprimir la pinza del freno. Además, mediante el control de los tamaños de los cilindros maestro y esclavo, los diseñadores pueden establecer una ventaja mecánica proporcional. Por eso puedes detener un avión que pesa miles de libras con solo la presión aplicada con tus pies. En aviones más grandes, el sistema hidráulico proporciona un método de transmisión potente pero relativamente ligero. En lugar de utilizar motores eléctricos de alto consumo y pesados trenes de transmisión mecánica para operar cada flap, tren de aterrizaje y spoiler, una bomba hidráulica puede transferir la energía eléctrica o del motor a través de un sistema hidráulico para controlar todo.

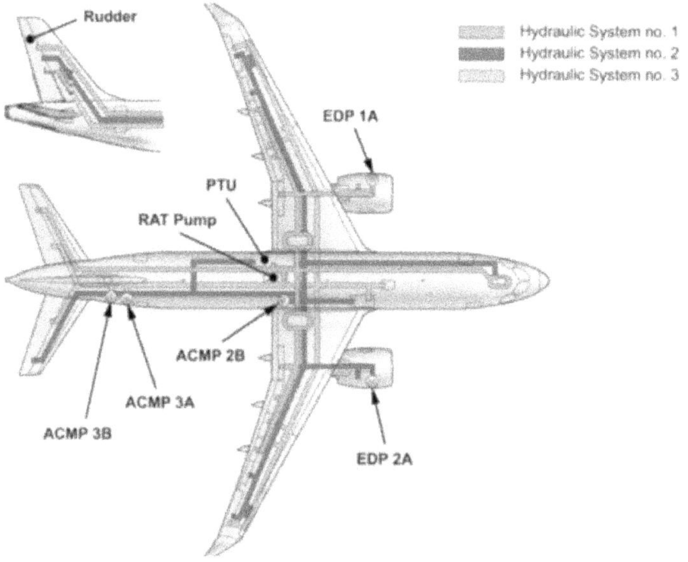

El poder hidráulico es especialmente valioso para aplicaciones de servicio pesado porque se puede obtener directamente de la potencia del motor, sin sobrecargar los sistemas eléctricos de la aeronave. Los motores eléctricos consumen una corriente enorme cuando se utilizan para operaciones intermitentes de servicio pesado. Por eso todas las luces de la cabina se atenúan cuando accionas eléctricamente el tren de aterrizaje en una aeronave pequeña. Por estas razones, la energía hidráulica ha demostrado ser más confiable y requerir menos mantenimiento para aplicaciones de servicio pesado que los trenes de transmisión electromecánicos tradicionales. Un beneficio adicional es que, al requerir menos y más pequeños motores eléctricos, los sistemas eléctricos de la aeronave pueden ser más ligeros y durar más tiempo. Finalmente, un sistema hidráulico impulsado por el motor proporciona otra fuente de energía para la redundancia en sistemas críticos.

Componentes del sistema hidráulico

Los sistemas hidráulicos de las aeronaves operan a presiones muy altas, generalmente alrededor de 3,000 psi (libras por pulgada cuadrada), y a veces a altas temperaturas. Los fluidos hidráulicos están especialmente formulados para resistir estas condiciones sin evaporizarse. Esto se debe a que la característica clave que hace que un sistema hidráulico funcione es la no compresibilidad de los fluidos. Si el fluido se evaporiza en la línea, se convierte en un gas con propiedades totalmente diferentes, lo que puede causar pérdida de eficiencia de transmisión o incluso un "bloqueo de vapor" en líneas pequeñas. La mayoría de las aeronaves con turbina están diseñadas con dos o más sistemas hidráulicos completamente separados. Para estandarización, estos sistemas hidráulicos se les asignan designaciones de letras, números o colores (por ejemplo, Sistema A y Sistema B o Sistema #1 y Sistema #2). Estos sistemas separados comparten la carga de trabajo hidráulica y están diseñados de manera que un sistema hidráulico pueda respaldar a otro en caso de que falle una bomba del sistema o uno o más sistemas pierdan presión hidráulica o fluido. Algunas aeronaves incorporan sistemas hidráulicos de reserva dedicados para su uso cuando falla un sistema primario. La aeronave Airbus A320 identifica a tus tres sistemas hidráulicos con colores.

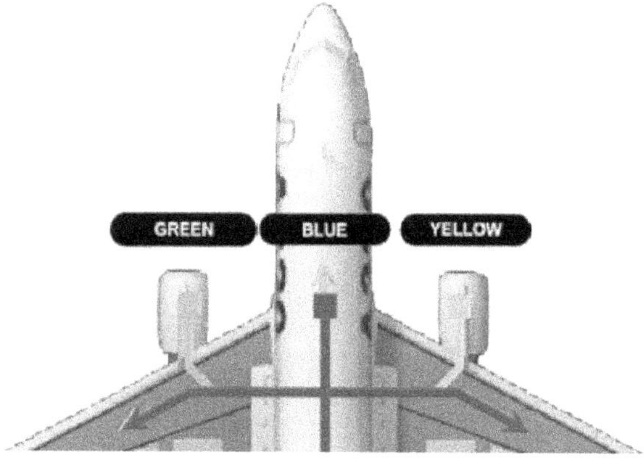

La aeronave Boeing B737 identifica a sus tres sistemas hidráulicos con letras.

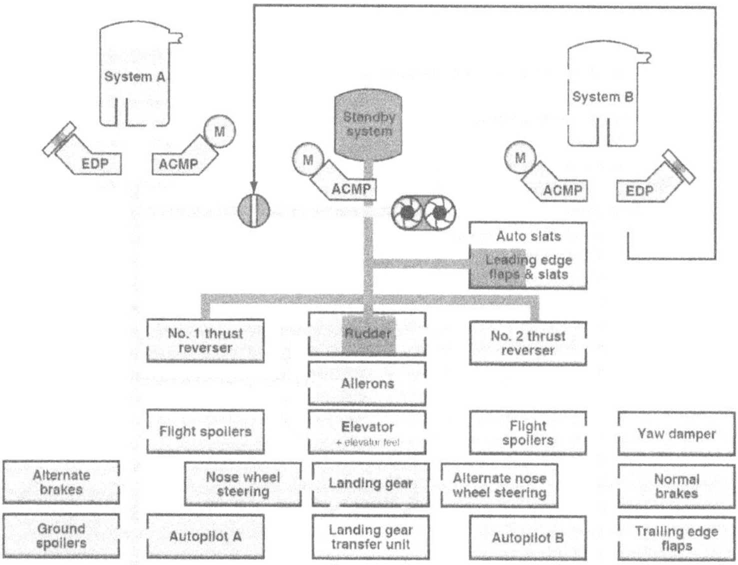

Bomba hidráulica y componentes

Las bombas hidráulicas suelen ser bombas rotativas, accionadas directamente por los motores de la aeronave o impulsadas eléctricamente. Estas bombas convierten el movimiento rotativo de la fuente de energía en presión y flujo hidráulico, que luego se entrega a los sistemas mecánicos de la aeronave a través de líneas hidráulicas. Las bombas pueden estar diseñadas para uso continuo o para operación periódica. En aeronaves grandes, normalmente se instala una bomba accionada por el motor por cada planta de potencia, junto con una o más bombas accionadas eléctricamente para redundancia. Los sistemas hidráulicos de un avión suelen estar interconectados, pero con válvulas de aislamiento instaladas para separarlos. Cada bomba por sí sola normalmente puede suministrar la mayoría o toda la demanda hidráulica de la aeronave. Algunas aeronaves tienen bombas hidráulicas de reserva instaladas para respaldar a las bombas principales en caso de fallo.

Los motores hidráulicos son unidades relativamente pequeñas (en comparación con los motores eléctricos) que convierten la energía hidráulica nuevamente en energía mecánica. Normalmente son unidades de rotor giratorio (básicamente "bombas invertidas") que convierten la presión hidráulica y el flujo en una salida rotatoria para accionar ejes que controlan, por ejemplo, los flaps o el tren de aterrizaje.

Los cilindros hidráulicos utilizan pistones para transformar la presión hidráulica en movimiento mecánico lineal. Se utilizan para diversos fines, siendo los frenos uno de

los ejemplos más evidentes. También se emplean cilindros hidráulicos para accionar superficies de control, puertas de tren de aterrizaje, puertas de escalera de aire y otros dispositivos con recorrido relativamente corto.

Las líneas hidráulicas (tanto flexibles como rígidas) transportan la potencia hidráulica desde la bomba hasta el motor hidráulico.

Las válvulas dirigen el flujo de fluido hidráulico y, por lo tanto, la potencia, hacia donde se requiere. Por ejemplo, en el caso del tren de aterrizaje hidráulico, las válvulas pueden dirigir el flujo/presión hidráulica hacia un lado del motor del tren de aterrizaje para retraerlo o hacia el otro lado para invertir la dirección del motor y extenderlo. Recuerda que la válvula necesita recibir la instrucción desde la palanca del tren de aterrizaje en la cabina para dirigir correctamente la potencia. Esta activación requiere energía para cambiar la posición de la válvula.

Un fusible hidráulico es un componente de seguridad diseñado para evitar una pérdida catastrófica de presión hidráulica. (El término "fusible" es una analogía a los fusibles eléctricos más conocidos que cumplen funciones similares en los circuitos eléctricos). Los fusibles hidráulicos se instalan en ubicaciones estratégicas en todo el sistema hidráulico de una aeronave y están diseñados para detectar fallas que producen fugas, como una conexión defectuosa o una ruptura en la línea hidráulica. Si se produce una fuga en las líneas o subsistemas hidráulicos, el fusible hidráulico evita una pérdida excesiva de fluido al tiempo que permite el funcionamiento de los componentes restantes del sistema hidráulico.

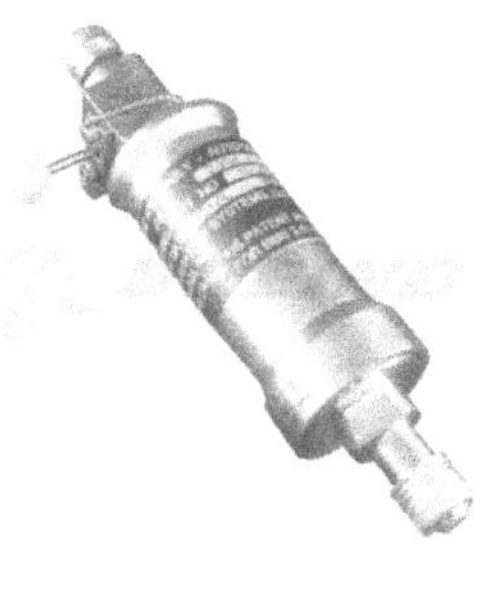

Los diseños típicos de fusibles hidráulicos incorporan un mecanismo controlado por resorte que normalmente permite el paso de un cierto volumen de flujo de fluido por minuto a través del fusible. Si el fluido que atraviesa el fusible se vuelve excesivo, como en un flujo rápido hacia una ruptura en la línea hidráulica, el fusible se cierra para interrumpir el flujo, aislando así el área con la línea dañada.

Depósito y acumulador hidráulico

Los depósitos hidráulicos son necesarios para retener la cantidad adecuada de fluido hidráulico para operar los sistemas de la aeronave, así como una reserva para compensar posibles fugas. Por lo general, se aplica aire a baja presión en los recipientes del depósito para minimizar la formación de espuma en el fluido hidráulico. Los acumuladores hidráulicos almacenan presión hidráulica para proporcionar respaldo en operaciones clave en caso de fallo de la bomba. Normalmente, consisten en un recipiente sellado a presión con un diafragma o pistón instalado.

La presión hidráulica del sistema comprime nitrógeno o "aire seco" (y a veces un resorte) para almacenar energía que se utilizará en una breve aplicación de potencia en caso de fallo de la bomba. Los acumuladores también se pueden utilizar para controlar fluctuaciones o sobrecargas de potencia en el sistema, de manera similar a una batería en un sistema eléctrico.

Bomba hidráulica de reserva

Los sistemas hidráulicos de las aeronaves, como hemos discutido, tienen una variedad de diseños. Lo común en todos ellos es la necesidad de contar con algún tipo de sistema de respaldo que proporcione presión hidráulica para operar sistemas críticos, como los controles de vuelo o el tren de aterrizaje, cuando la fuente principal de presión hidráulica ha fallado. Estos sistemas de respaldo varían desde simples hasta complejos, dependiendo de la complejidad relativa del sistema hidráulico en sí. Las aeronaves más pequeñas propulsadas por turbina suelen estar equipadas con una bomba hidráulica manual, que se utiliza como método de respaldo para proporcionar presión hidráulica y extender el tren de aterrizaje cuando la bomba principal falla. La mayoría de las bombas hidráulicas manuales son de acción simple (el fluido se mueve durante la carrera de alimentación pero no durante la carrera de retorno) o de doble acción (el fluido se mueve durante ambas carreras).

Durante el entrenamiento de vuelo en este tipo de aeronaves, se te exigirá extender manualmente el tren de aterrizaje con la bomba hidráulica manual. Muchas bombas manuales requieren más de 100 carreras para extender el tren de aterrizaje, lo que significa que la extensión de emergencia requiere mucho esfuerzo físico y lleva bastante tiempo. Por lo tanto, no intentes extender el tren de aterrizaje manualmente en el enfoque final con este tipo de sistemas; asciende a vuelo nivelado a una altitud segura antes de realizar la extensión de emergencia.

En aeronaves más grandes propulsadas por turbina que tienen bombas accionadas por el motor como su fuente principal de presión hidráulica, se utilizan bombas hidráulicas eléctricas de respaldo para complementar las bombas principales y servir como respaldo de emergencia. Por lo general, las bombas hidráulicas eléctricas pueden producir la misma presión que las bombas accionadas por el motor pero con un volumen de fluido mucho menor. Por lo tanto, al operar dispositivos de alta carga, como el tren de aterrizaje o los flaps, utilizando bombas de respaldo, puede llevar mucho más tiempo operar estos sistemas que con las bombas normales accionadas por el motor.

Las unidades de transferencia de potencia hidráulica, que se encuentran en sistemas hidráulicos más complejos, son bombas accionadas hidráulicamente que utilizan la presión de un sistema hidráulico para presurizar el otro sistema. Por lo general, no hay intercambio de fluido entre los sistemas y se requiere disponibilidad de energía eléctrica para operar la unidad. Las unidades de transferencia de potencia hidráulica se utilizan normalmente como respaldo de emergencia para la bomba hidráulica accionada por el motor.

Las bombas hidráulicas de turbina de aire o motores de turbina de aire (ATM) utilizan un gran volumen de aire comprimido del sistema neumático procedente de un motor en funcionamiento, una unidad de potencia auxiliar (APU) o una fuente de aire en tierra para hacer girar una turbina de aire acoplada a una bomba hidráulica.

Las turbinas de aire de emergencia (RAT) también pueden utilizarse para generar presión hidráulica de emergencia en vuelo; funcionan mediante la extensión de una turbina de aire en el flujo externo de aire. Impulsada por la presión del aire de impacto, la turbina a su vez impulsa una bomba hidráulica, proporcionando así presión hidráulica de emergencia.

Las RAT se encuentran normalmente en aeronaves que solo tienen controles de vuelo accionados hidráulicamente, sin conexión mecánica entre los controles de la cabina y las superficies de control de vuelo.

En caso de una falla completa del sistema hidráulico, la RAT suministra la presión hidráulica necesaria para accionar los controles de vuelo. Para generar la presión hidráulica requerida para esto, la aeronave debe volar a una velocidad lo suficientemente alta como para generar suficiente presión de aire para hacer girar la turbina de aire. (Por ejemplo, el Boeing 767 requiere que se mantenga una velocidad mínima de 130 KIAS al utilizar la RAT). Las RAT se instalan típicamente en la parte inferior de la fuselaje de la aeronave, donde pueden ser fácilmente extendidas solo por gravedad. Las RAT pueden ser extendidas manualmente o de forma automática dependiendo de la instalación.

Características del sistema hidráulico

Una característica interesante de los sistemas hidráulicos es que la mayor parte del trabajo se realiza con muy poco movimiento. Los sistemas de funcionamiento continuo se mantienen constantemente presurizados por las bombas hidráulicas, pero el movimiento del fluido ocurre solo cuando algo hidráulico está en funcionamiento. Incluso en esos casos, el flujo de fluido es mínimo cuando se están alimentando actuadores y cilindros pequeños. En estos casos, el trabajo se realiza más mediante la presión que mediante el flujo. Podemos comparar un sistema hidráulico con una varilla flexible que se empuja a través de un tubo: un pequeño movimiento en el extremo impulsor del sistema se transfiere hidráulicamente para presionar un botón lejano, mover una válvula o desviar una superficie de control.

Dado que la presión hidráulica se mantiene encerrada entre la bomba y los dispositivos que alimenta, las líneas de retorno hidráulicas generalmente llevan poco flujo o presión de vuelta al depósito. Las excepciones ocurren cuando se alimentan motores hidráulicos rotativos para operar dispositivos de alta carga, como el tren de aterrizaje y los flaps. En esos casos, tanto el flujo como la presión hidráulica son significativos.

Sistema neumático

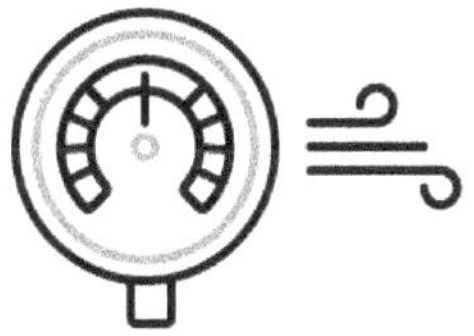

El sistema neumático proporciona otro método para transmitir la potencia del motor a varios sistemas de la aeronave. En este caso, el medio de transmisión de energía es el aire comprimido. Como el aire, al ser un gas, es compresible, la potencia neumática es mucho menos eficiente que la potencia hidráulica para trabajos pesados. Por otro lado, los sistemas neumáticos son mucho más ligeros que los sistemas hidráulicos, requieren poco mantenimiento y no necesitan fluidos especiales.

En aviones de pistón, la potencia neumática proviene de bombas de presión o vacío accionadas mecánicamente por los motores. Estos sistemas son básicamente bastante simples. Las bombas neumáticas rotativas corresponden a la bomba en nuestro sistema de potencia hidráulica de referencia. La fuente de aire atmosférico elimina la necesidad de cualquier tipo de depósito, y el control es relativamente sencillo a través de una serie de válvulas. Los sistemas neumáticos en aviones de pistón suelen operar instrumentos giroscópicos, presurización y botas de deshielo.

Los aviones de turbina utilizan sistemas neumáticos para los mismos tipos de aplicaciones, y muchos más. La razón es que los motores de turbina son básicamente bombas neumáticas gigantes. Como recordarás, el generador de gas del motor comprime grandes cantidades de aire para soportar la combustión. Es relativamente sencillo extraer este aire de "purga" de los motores y utilizarlo para alimentar todo tipo de dispositivos.

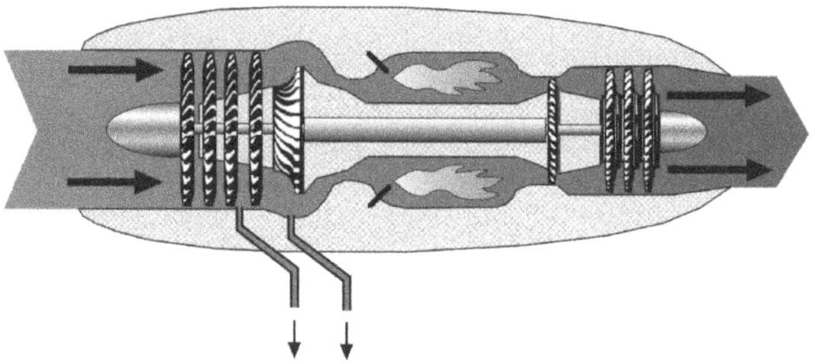

Sangrado de aire

Se extrae aire de purga de alta presión de la sección compresora de un motor de turbina de gas. Algunos sistemas extraen aire de purga de dos o más "estaciones" en cada motor, lo que produce diferentes salidas de presión y temperatura. Estas purgas diferentes a veces se identifican como "aire de purga de alta presión" y "aire de purga de baja presión".

Aire de alta presión

El aire de purga de alta presión tiene muchas aplicaciones directamente desde el motor, incluyendo el antihielo térmico del motor y las alas. También se utiliza, a través de una combinación de máquinas de ciclo de aire (ACMs, o paquetes) e intercambiadores de calor, para la presurización, calefacción y enfriamiento de la cabina. En aviones de turbina grandes, el aire de purga de alta presión también alimenta los arrancadores del motor. Motores grandes como el CFM 56 se arrancan neumáticamente, como alternativa a las cargas eléctricas pesadas y los motores necesarios para el arranque eléctrico de los motores de turbina.

Normalmente, para el arranque del motor, la Unidad de Potencia Auxiliar (APU) de la aeronave se arranca eléctricamente para proporcionar potencia neumática de purga, o se utiliza una fuente de potencia neumática en tierra. Cuando el capitán solicita el arranque, se abre una válvula de arranque, enviando aire comprimido para hacer girar una pequeña turbina en el arrancador neumático. Esto, a su vez, hace girar el compresor central del motor. Se introduce combustible y, cuando N2 (RPM del compresor de alta presión) alcanza un valor predeterminado, se cierra la válvula de arranque y la turbina del arrancador se desengancha del compresor del motor.

Aire de baja presión

Parte del aire de purga de alta presión se regula mediante un regulador de presión a presiones mucho más bajas, generalmente alrededor de 18 psi. Este aire de baja presión (a veces llamado aire instrumental) corresponde, en presión y en aplicaciones, a los sistemas neumáticos (vacío) de los aviones de pistón con los que quizás esté familiarizado. Como tal, el aire de baja presión en aviones de turbina impulsa los giroscopios de aire y los sistemas de deshielo neumáticos, si están instalados. El aire de baja presión también puede utilizarse para funciones de control mecánico, como la actuación de válvulas (neumáticas y/o hidráulicas), el control de las válvulas de salida de presurización y la inflación de sellos de puertas para mantener la presurización.

Dado que el aire de purga de alta presión se extrae directamente de los motores, el uso de la purga en muchos aviones de turbina debe ser gestionado según la fase del vuelo. Por ejemplo, el uso de aire de purga afecta la potencia producida por el motor que lo suministra, ya que se extrae aire y presión del motor antes de la cámara de combustión. Por lo tanto, en la mayoría de los aviones de turbina, el uso de aire de purga de alta presión está restringido durante el despegue y las situaciones de aproximación. El aire de baja presión sigue funcionando durante el despegue para alimentar los instrumentos de vuelo, pero otros elementos alimentados por purga pueden ser apagados para el despegue y luego reactivados como parte de la lista de verificación posterior al despegue, si corresponde. A veces, las condiciones meteorológicas al despegar requieren el uso de elementos de purga con alto consumo, como los sistemas de antihielo de entrada de motor. Para estas situaciones, la mayoría de los aviones de turbina tienen factores de corrección en sus tablas de potencia y rendimiento de despegue, que a menudo restringen los pesos y/o velocidades de despegue.

El uso de aire de purga para el antihielo térmico de las alas prácticamente nunca está permitido durante el despegue. No solo las purgas consumen mucha potencia del motor, sino que en tierra, las temperaturas de purga de 600° a 800°F pueden debilitar los bordes de ataque de aluminio de las alas.

Los sistemas neumáticos de purga tienen algunos peligros asociados. Debido a las altas temperaturas involucradas, puede producirse un incendio debido a fugas de aire de purga sin vigilancia dentro de la aeronave. Por lo tanto, los sistemas de purga suelen ser monitoreados en la cabina. Se suelen utilizar sondas de temperatura para controlar los conductos que llevan las líneas de aire de purga.

Otros sistemas utilizan tuberías presurizadas a lo largo de las líneas de purga. Este material se derrite y activa un sensor cuando se produce una fuga. En caso de una fuga de alta temperatura, la fuente de purga asociada debe ser cerrada, seguida de la ejecución de la lista de verificación "anormal" correspondiente. Algunas aeronaves más grandes también tienen capacidad de extinción de incendios para las líneas de purga del motor en áreas críticas.

Los sistemas de arranque de motores neumáticos presentan sus propios peligros interesantes. La presión del sistema neumático debe ser monitoreada durante todo el ciclo de arranque (descrito anteriormente) porque, si la válvula de arranque no se cierra cuando el motor arranca, la presión de purga del motor en funcionamiento puede retroceder a través del motor de arranque a alta presión. Ha habido varios casos en los que una válvula de arranque pegada hizo que el motor de arranque neumático fuera literalmente expulsado del avión, a través del carenado del motor y a una gran distancia de la aeronave. Por lo tanto, el arranque del motor debe ser abortado de inmediato si la válvula de arranque no se cierra cuando debería.

Al igual que otros sistemas de la aeronave, los sistemas neumáticos tienen múltiples fuentes de energía y dispositivos de protección para minimizar los efectos de las fallas del sistema. La redundancia se logra mediante el uso de fuentes de purga de todos los motores y, a veces, de la unidad de energía auxiliar (APU), cuando está instalada. Las válvulas de retención, al igual que las que se encuentran en nuestro sistema de agua de referencia, se utilizan para restringir el flujo neumático en ciertas áreas en una dirección.

Las válvulas de aislamiento (automáticas o manuales) permiten la separación de los sistemas de purga interconectados en caso de fugas u otras fallas. Normalmente, si se cierra una purga en su origen, la mayoría de los sistemas pueden funcionar con las fuentes restantes de purga, excepto en situaciones de alto consumo. Sin embargo, si se produce una fuga grave en algún lugar del sistema neumático que requiera el uso de una válvula de aislamiento, es probable que algunos dispositivos alimentados por purga se vuelvan inoperables. Digamos, por ejemplo, que se produce una fuga en el sistema neumático de baja presión del lado izquierdo de su aeronave equipada con botas de deshielo. En primer lugar, deberá cerrar la válvula de sangrado izquierda para evitar la pérdida de aire de sangrado y el agotamiento de la potencia del motor y del sistema. También deberá aislar ese lado del sistema de baja presión, lo que significa una probable pérdida de algunos instrumentos de vuelo alimentados por aire y tal vez algunas funciones de control de presurización.

Por último, antes de usar las botas de deshielo neumáticas, deberá considerar cómo se ven afectadas. (La mayoría de las aeronaves modernas asignan las botas de manera que se pueda perder la capacidad de deshielo en algunas superficies de control, pero no de manera asimétrica). Obviamente, con este tipo de problema, querrá aterrizar rápidamente en condiciones de formación de hielo. Estos son los tipos de escenarios que deberá memorizar en la escuela de tierra para su tipo de aeronave en particular.

Capítulo 3

Sistema de combustible

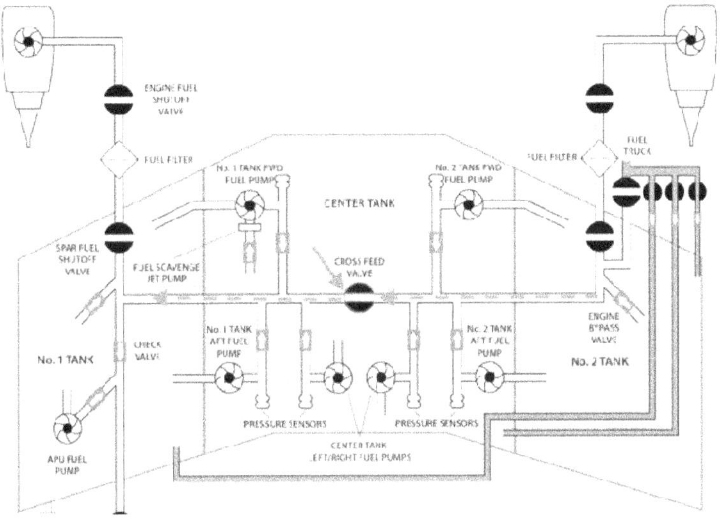

Introducción

El sistema de combustible en cualquier aeronave está diseñado para almacenar combustible para el vuelo y luego suministrarlo a los motores en las cantidades adecuadas y a las presiones correctas. En las aeronaves de turbina, esta tarea sencilla se vuelve bastante compleja. Se deben transportar y distribuir grandes cantidades de combustible (a menudo enormes), se pueden instalar varios tanques y motores, y se deben tener en cuenta las características del combustible a reacción y los propios motores de turbina. La mayoría de los sistemas de combustible de las aeronaves de turbina civiles están diseñados para operaciones de largo alcance y capacidad de reserva de vuelo por instrumentos (IFR, por sus siglas en inglés).

El combustible debe ser controlable durante las operaciones de vuelo con motor inoperativo y, en algunos casos, debe ser desplazado para mantener la aeronave dentro del rango del centro de gravedad (CG). Por lo tanto, la mayoría de los sistemas de combustible de turbina admiten la transferencia de combustible entre tanques y de un lado de la aeronave al otro. Al igual que con cada sistema de aeronave de turbina, se agrega redundancia por razones de seguridad.

Cada aeronave posee su propio diseño en el sistema de combustible, aunque en la mayoría de los casos responden a un mismo diagrama de funcionamiento.

Diagramas del sistema de combustible de las aeronave Boeing 737 y Airbus A320 respectivamente.

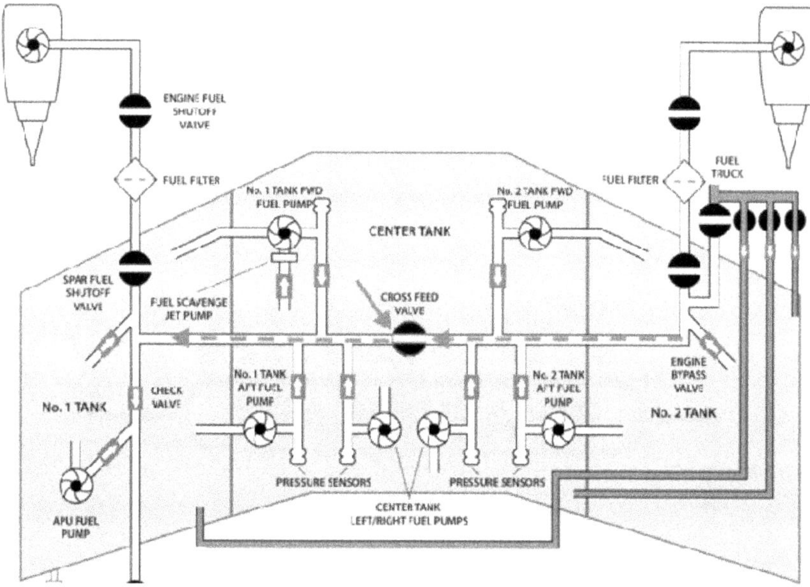
ENGINE FUEL SHUTOFF VALVE
FUEL FILTER
No. 1 TANK FWD FUEL PUMP
CENTER TANK
No. 2 TANK FWD FUEL PUMP
FUEL FILTER
FUEL TRUCK
SPAR FUEL SHUTOFF VALVE
FUEL SCAVENGE JET PUMP
CROSS FEED VALVE
No. 1 TANK AFT FUEL PUMP
CHECK VALVE
No. 1 TANK
No. 2 TANK AFT FUEL PUMP
ENGINE BYPASS VALVE
No. 2 TANK
PRESSURE SENSORS
PRESSURE SENSORS
CENTER TANK LEFT/RIGHT FUEL PUMPS
APU FUEL PUMP

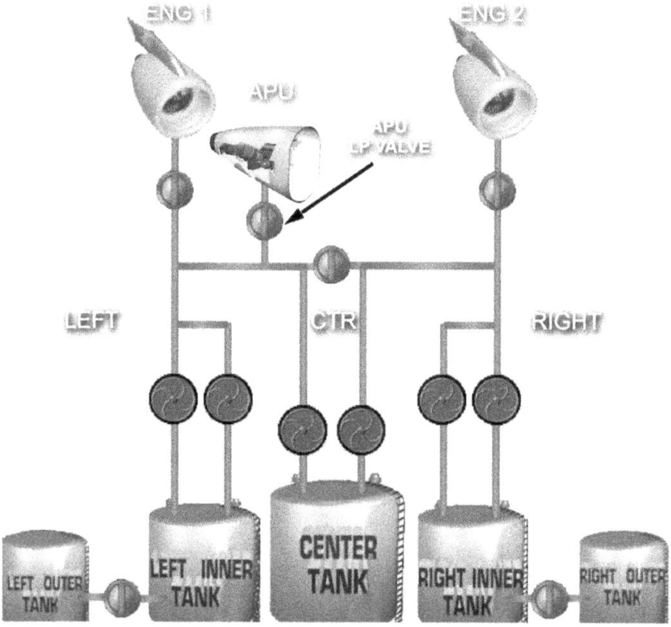
ENG 1
ENG 2
APU
APU LP VALVE
LEFT
CTR
RIGHT
LEFT OUTER TANK
LEFT INNER TANK
CENTER TANK
RIGHT INNER TANK
RIGHT OUTER TANK

Tanques de combustible

La complejidad aumentada de un sistema de combustible de una aeronave de turbina grande es evidente de inmediato al considerar los tanques de combustible. Dependiendo del tipo de aeronave, los tanques de combustible vienen en diferentes tamaños y formas. Pueden estar ubicados en las alas, el fuselaje e incluso en la cola.

Los tanques del fuselaje normalmente están construidos de aluminio conformado. Sin embargo, la mayoría de los tanques de las alas se fabrican sellando parte de la estructura del ala para que pueda contener combustible. Estas alas húmedas han reemplazado en gran medida a los tanques de goma que se encontraban en muchas aeronaves más antiguas. Los tanques de alas externos, aunque no se encuentran en aviones de pasajeros, son bastante comunes en aeronaves corporativas. Los tanques de punta se encuentran en algunos Learjets y turbopropulsores Cheyenne, mientras que el Lockheed Jetstar estaba equipado con tanques sub-alares.

Los motores de las aeronaves de turbina pueden aspirar combustible de cada tanque por separado, de tanques de combustible interconectados o de un tanque principal alimentado por alguna combinación de tanques de reserva o auxiliares. Para garantizar un suministro constante de combustible a los motores en todas las actitudes de vuelo, los tanques de combustible a menudo se dividen o se interconectan. Las aeronaves de turbina grandes tienen alas largas. Puede imaginarse que podría producirse fácilmente una interrupción del suministro de combustible a los motores sin un diseño adecuado del sistema.

Una solución común a este problema es el uso de bahías colectoras. Una bahía colectora es simplemente un segmento separado de un tanque de combustible más grande. Se encuentra cerca del motor y lo suministra directamente de combustible. A su vez, cada bahía colectora es alimentada por los tanques seleccionados regulares. En caso de una fluctuación momentánea en el suministro de combustible desde el tanque regular, la bahía colectora asume la carga para proporcionar un flujo continuo. A veces se instalan válvulas de aleteo (puertas unidireccionales con resorte) entre la bahía colectora y el resto del tanque de combustible para evitar el flujo inverso hacia los tanques principales.

Algunas aeronaves están equipadas con tanques de cabecera, que son tanques pequeños separados que cumplen la misma función que las bahías colectoras. A veces se instalan otros tanques de combustible especializados en las aeronaves para diversos propósitos. Los tanques de sobrepresión, por ejemplo, se encuentran a menudo cerca de las puntas de las alas de las aeronaves grandes para controlar el movimiento del combustible, el desbordamiento y la ventilación.

Bombas de combustible

En los sistemas de combustible de las aeronaves de turbina se instalan una variedad de bombas para mover el combustible desde los tanques hacia los motores y de un tanque a otro. Las categorías más comunes de bombas de combustible son las bombas de alta presión, las bombas de baja presión, las bombas auxiliares y las bombas de chorro.

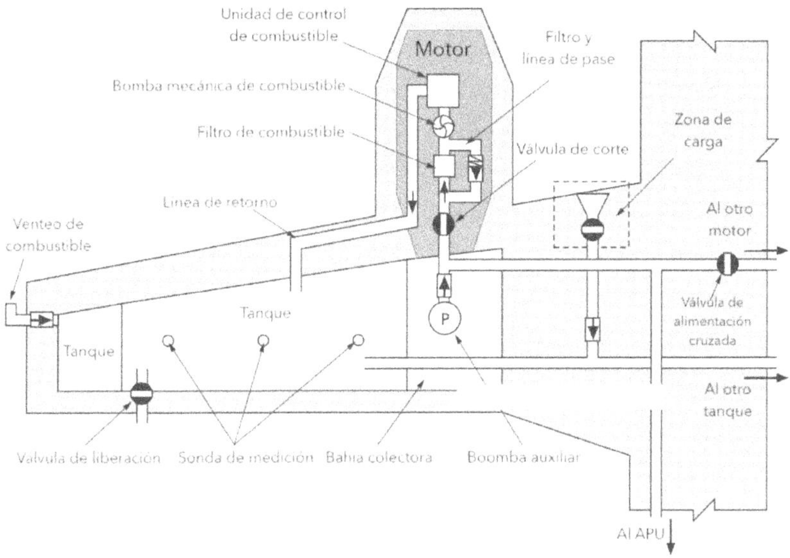

Una bomba de alta presión impulsada por el motor suministra combustible a cada motor a presiones cercanas a 900-1,000 psi. El uso de alta presión para este propósito es importante por varias razones. En primer lugar, la cantidad de combustible requerida durante el despegue puede ser dos o tres veces mayor que la necesaria durante el crucero normal. Por lo tanto, tanto la presión como la capacidad de flujo deben estar disponibles para proporcionar rápidamente aumentos grandes en la entrega de combustible. (El exceso de combustible entregado por la bomba, en un momento dado, se dirige de vuelta a los tanques a través de la línea de retorno).

La alta presión también garantiza una entrega adecuada de combustible al motor. El combustible se pulveriza en el quemador del motor en un patrón y a una presión óptimos para optimizar la combustión, centrar la llama en la cámara y evitar el sobrecalentamiento de los inyectores de combustible.

La bomba de baja presión generalmente también es impulsada por el motor. Extrae combustible de los tanques y lo suministra a la bomba de alta presión, a menudo a través de un filtro de combustible y un calentador.

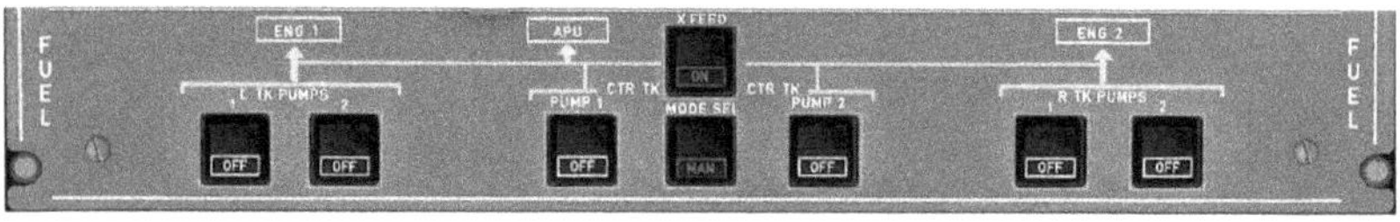

La mayoría de los sistemas de combustible de las aeronaves de turbina también están equipados con bombas de combustible auxiliares eléctricas. (Estas también se conocen como bombas auxiliares, bombas de reserva, bombas de transferencia de combustible o bombas de refuerzo). Las bombas auxiliares tienen diversos propósitos dependiendo del diseño específico del sistema de combustible de la aeronave. A menudo se utilizan para transferir combustible de un tanque a otro y para proporcionar respaldo de emergencia a la bomba de baja presión impulsada por el motor. En aeronaves grandes, las bombas de refuerzo funcionan de manera continua en los tanques que se están utilizando, ya que la succión de las bombas de baja presión del motor no es suficiente para extraer combustible en altitud.

En la mayoría de los sistemas, las bombas auxiliares son famosas por realizar transferencias de combustible en caso de falla del motor. La transferencia cruzada se refiere a la transferencia de combustible desde los tanques de un lado de la aeronave hacia el(los) motor(es) o tanques del otro lado. Es una característica de seguridad importante en caso de fallo del motor, ya que permite que el motor en funcionamiento utilice el suministro de combustible del motor inoperativo. El equilibrio del peso del combustible de un lado a otro también puede ser crítico en tales circunstancias.

Las bombas auxiliares de la mayoría de las variedades se operan desde un panel de control de combustible ubicado en la cabina de mando. (Los paneles de control de combustible auxiliar pueden ubicarse en el ala para su uso por parte de los repostadores en aeronaves más grandes equipadas con sistemas de repostaje de un solo punto).

También es interesante señalar que los motores de turbina son bastante versátiles en cuanto a los combustibles que pueden utilizar. Muchos motores más pequeños, por ejemplo, están aprobados para un uso limitado de gasolina. Sin embargo, debido a sus menores cualidades lubricantes, el uso de gasolina en las bombas de combustible a menudo está limitado a solo algunas horas o las bombas deben ser reconstruidas.

Un tipo adicional de acción de bombeo se encuentra comúnmente en los sistemas de combustible de las aeronaves de turbina. El flujo motivador se refiere al uso de pequeños puertos tipo venturi, que se utilizan para succionar combustible hacia las líneas de recolección. Es deseable recolectar combustible de varios lugares en cada tanque para evitar la interrupción del suministro y respaldar cualquier obstrucción de las tomas de combustible.

En lugar de instalar muchas bombas accionadas mecánicamente en todo el tanque, estos dispositivos venturi, o bombas de chorro, succionan combustible hacia las líneas creando áreas de baja presión en el combustible que pasa a través de las líneas. Por lo tanto, las bombas de chorro no pueden bombear combustible por sí mismas.

En cambio, actúan como bombas secundarias localizadas (a veces llamadas bombas de recuperación), efectivamente alimentadas por la bomba principal de la línea (por lo general, la bomba de baja presión impulsada por el motor o una bomba auxiliar eléctrica).

Válvulas de combustible

Se utilizan diversas válvulas para gestionar el flujo de combustible. La mayoría de las válvulas simplemente se abren para permitir el flujo de combustible o se cierran para detenerlo. Las válvulas de retención, como las del sistema de agua de referencia, permiten que el combustible fluya en una dirección en varios puntos del sistema, pero no en la otra dirección.

Las válvulas selectoras de combustible son utilizadas por los pilotos para asignar el suministro de combustible a cada motor desde los tanques seleccionados. Las válvulas de transferencia cruzada dirigen el combustible desde los tanques de un lado de la aeronave hacia el(los) motor(es) o tanques del otro lado. (En algunas aeronaves, la transferencia cruzada solo está autorizada para uso de emergencia en caso de fallo del motor. En otros vehículos, la transferencia cruzada está aprobada para uso habitual con el fin de equilibrar las cargas de combustible laterales).

Las válvulas de descarga de combustible se instalan en muchas aeronaves donde el peso máximo de despegue permitido (MTOW) es significativamente mayor que el peso máximo de aterrizaje permitido (MLW). Si una aeronave con una carga pesada debe regresar para aterrizar inmediatamente después del despegue, se debe descargar combustible al exterior para reducir el peso de la aeronave por debajo de su MLW para un aterrizaje seguro. (Ese combustible normalmente se habría consumido en el viaje planificado).

Todas las aeronaves con motor de turbina tienen algún tipo de válvula de cierre de emergencia de combustible. Las válvulas de cierre de combustible del cortafuegos pueden ser operadas mecánicamente o eléctricamente, según el fabricante. Estas válvulas se utilizan para eliminar el suministro de combustible a la sección del motor solo durante el apagado de emergencia del motor. Las "manijas de incendio" (o "manijas en forma de T"), que accionan las válvulas de cierre de combustible del cortafuegos, son uno de los controles más visibles en cualquier cabina.

Calentadores de combustible

El combustible para aviones a reacción tiene la desafortunada característica de absorber agua. Cuando una aeronave de turbina vuela a altitudes elevadas, las bajas temperaturas del aire exterior pueden hacer que esta agua absorbida se cristalice en el sistema de combustible. Como puedes imaginar, los cristales de hielo obstruyen los filtros de combustible y pueden acumularse hasta el punto de provocar una parada del motor. (La parada del motor significa que la combustión cesa en el motor: "se apaga el fuego"). Se utilizan calentadores de combustible para calentar el combustible y evitar que esto ocurra. Hay dos formas comunes de calentar el combustible: intercambiadores de calor de combustible-aceite y de combustible-aire. Los intercambiadores de calor de combustible-aceite transfieren el calor del aceite del motor para calentar el combustible. Los intercambiadores de calor de combustible-aire utilizan aire caliente de derivación para el mismo propósito.

Venteo de combustible

Los venteos son cruciales para el funcionamiento adecuado de cualquier sistema de combustible. A medida que se extrae combustible de cada tanque, el aire exterior debe entrar para reemplazarlo, o el flujo de combustible se detendrá debido al desarrollo de un vacío. Al mismo tiempo, los venteos de combustible también deben permitir la liberación de la sobre presión en los tanques de combustible debido a la expansión térmica, pero deben estar diseñadas para evitar que el combustible se ventile al exterior en condiciones normales. El delicado equilibrio de las presiones de los tanques de combustible se complica aún más por la necesidad de diseños de ventilación especializados en diferentes ubicaciones. Por ejemplo, se utilizan ventilaciones con calefacción para protección contra hielo estructural, mientras que las ventilaciones con arrestador de llamas protegen los tanques de combustible contra la ignición por escape caliente. Las ventilaciones de aire de presión (ram air) capturan el aire de impacto en vuelo para presurizar los tanques y mejorar el flujo de combustible.

Unidad de control de combustible

La unidad de control de combustible (FCU, por sus siglas en inglés) es un dispositivo preciso hidromecánico o electrónico computarizado que suministra combustible al motor. La FCU recopila entradas como la posición de la palanca de potencia o empuje, la presión del aire y las temperaturas del motor. Luego dosifica la cantidad adecuada de combustible desde la bomba de combustible de alta presión hacia la cámara de combustión del motor de turbina de gas. Diferentes tipos de unidades de control electrónico de combustible a veces se conocen como "FADEC" (controles digitales de motor de autoridad plena) o como "ECU" (unidades de control electrónico). Para redundancia, algunos aviones tienen FCUs mecánicas respaldando a las ECUs en el mismo sistema de combustible.

En la aeronave Boeing 737, la unidad de control de combustible está ubicado en el panel superior. Desde allí, el piloto puede operar las bombas de combustible y la válvula de alimentación cruzada o X-Feed.

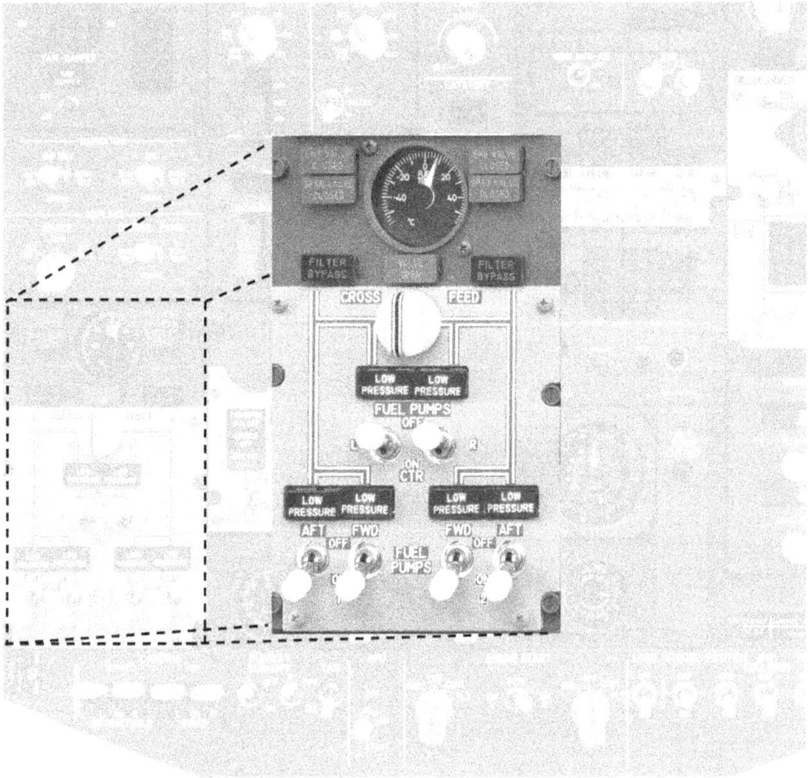

El panel de combustible esta compuesto por dos perillas en cada bomba que permiten seleccionarlas en ON u OFF. Por encima de cada bomba, se ubican los indicadores luminosos de "baja presión". Posee una perilla giratoria para abrir o cerrar la válvula de alimentación cruzada y un indicador analógico de la temperatura de combustible. Además cuenta con indicadores luminosos de válvulas cerradas y filtro de combustible.

En la aeronave Airbus A320, la unidad de control de combustible está ubicado en el panel superior. Ahora bien, conozcamos cómo se opera el sistema de combustible desde la unidad de control.

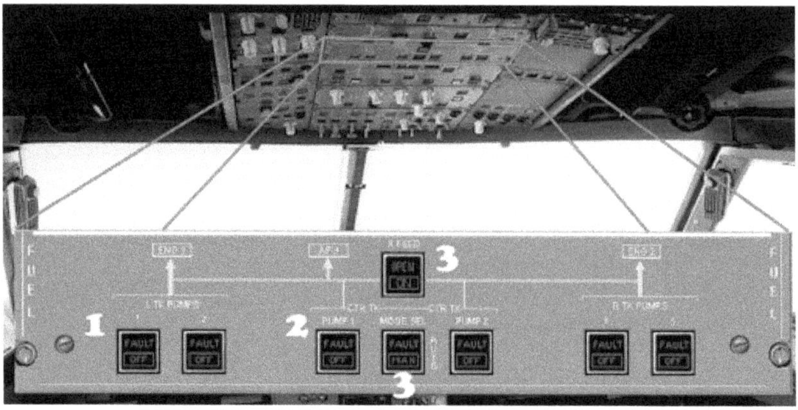

En el punto 1 representa los botones de operación de las bombas de los tanques internos, dos de cada lado. En el punto 2 representa los botones de operación de las bombas del tanque central. El punto 3 representa la válvula de alimentación cruzada XFEED y justo debajo de ella, un botón conocido como selector de modo o MODE SELECTOR, el cual permite a los pilotos operar las bombas del tanque central de forma manual o automática., a diferencia del resto de las bombas de combustible que son de operación completamente manual. El APU no posee un botón de activación o desactivación de su alimentación de combustible, ya que es operado automáticamente al iniciar el sistema de APU.

Sistema de medición del combustible

La cantidad de combustible en aeronaves de turbina de gran tamaño se mide generalmente utilizando un sistema diferente al de los flotadores con los que podrías estar familiarizado. Esto es cierto por dos razones. Una es que el combustible se mueve bastante en tanques muy grandes, incluso con deflectores, lo que dificulta su medición. La otra tiene que ver con la naturaleza del combustible de avión a reacción. El combustible de avión a reacción cambia de volumen de manera apreciable en función de la temperatura. Por lo tanto, la cantidad de energía en un galón de combustible de avión a reacción también varía con la temperatura. Para solucionar este problema, el consumo y las cantidades de combustible de los aviones de turbina se miden en libras, no en galones, ya que el volumen de combustible en un tanque puede cambiar, pero su peso no lo hará.

Los sistemas de indicadores de cantidad de combustible se utilizan para medir la masa del combustible (y, por lo tanto, el peso). Estos sistemas consisten en una serie de sondas metálicas largas que se extienden de arriba a abajo a lo largo de los tanques de combustible. Al medir la capacidad eléctrica entre las sondas, el sistema de indicación de combustible determina la cantidad de combustible en uno o más tanques. Esta información se envía a los medidores de cantidad de combustible en la cabina, que, por supuesto, se muestran en libras de combustible. Este tipo de sistema se calibra fácilmente para compensar el movimiento del combustible dentro de los tanques.

Solo para hacer tu vida como piloto de avión a reacción (o piloto de turbohélice) más interesante, los camiones de combustible en tierra generalmente miden la entrega de combustible en galones porque así funcionan sus sistemas de medición. Por lo tanto, al reabastecerse de combustible, los pilotos de turbina calculan sus necesidades de combustible para la siguiente etapa en libras, pero a menudo deben solicitar esa carga de combustible en galones. Cuando la precisión es fundamental, se puede utilizar una tabla de conversión de combustible. Sin embargo, la mayor parte del tiempo, las conversiones de combustible se estiman en alrededor de 6.7 libras por galón estadounidense. El cálculo y el pedido del combustible son realizados por la despacho de la compañía en muchos transportistas programados, por lo que esos pilotos a menudo se libran de los cálculos.

A veces es deseable medir físicamente la cantidad exacta de combustible en un tanque determinado. (Esto puede ser para calibrar el sistema de medición de cantidad de combustible de la aeronave o para permitir el despacho de la aeronave cuando un indicador de combustible está fuera de servicio). Obviamente, no sería divertido medir decenas o cientos de miles de libras de combustible en una aeronave grande usando varillas de medición manuales o cubetas de cinco galones. Por lo tanto, muchos fabricantes incorporan sistemas de medición mecánicos relativamente convenientes que consisten en varillas de medición de cantidad de combustible.

Estos prácticos dispositivos se utilizan para medir la cantidad de combustible desde debajo de las alas y se encuentran en uno o más tubos huecos que atraviesan verticalmente cada tanque de combustible. En circunstancias normales, las varillas de medición se bloquean en su lugar en cada tanque de combustible. Para medir manualmente la cantidad de combustible, se desbloquea cada varilla y se baja hasta que su parte superior esté al mismo nivel que la superficie del combustible. En las antiguas "varillas de goteo", el nivel de combustible se identificaba cuando el combustible comenzaba a gotear desde la parte inferior de la varilla hueca.

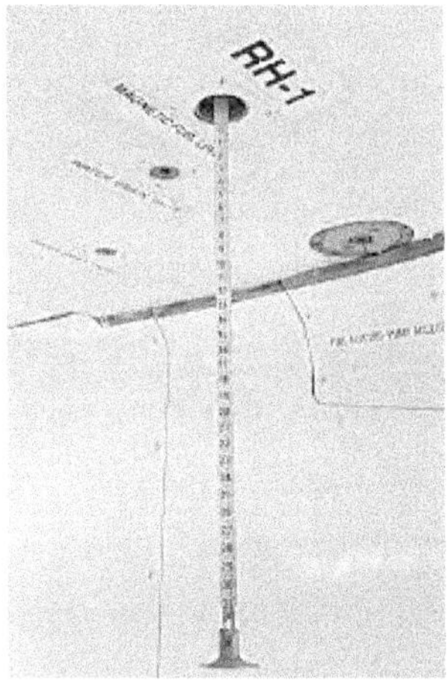

Los modelos más nuevos, magnéticos, se encuentran en tubos sellados. Un flotador magnético se desplaza a lo largo de la superficie exterior de cada tubo sobre el combustible. Cuando se desbloquea el "Magnastick", se desliza libremente desde la parte inferior del ala hasta que otro imán en la parte superior de la varilla se alinea con el flotador magnético. Tanto las varillas de goteo como las Magnasticks están calibradas para que la cantidad de combustible se pueda leer directamente, en función de cuánto se proyecta cada varilla desde el ala.

Gestión del combustible

Una gestión adecuada del combustible es muy importante en las aeronaves de turbina debido a los grandes flujos y pesos de combustible involucrados. A esto se suman las peculiaridades del sistema de combustible de cada tipo de aeronave. En muchos aviones, los tanques deben "consumirse" en un orden específico durante el vuelo, o el exceso de combustible que regresa desde la bomba de alta presión del motor puede ser bombeado indirectamente hacia fuera. Además, desde el punto de vista del peso y balance, es completamente posible en muchas aeronaves crear una situación desequilibrada debido a una mala gestión del combustible. Estas complejidades requieren que el piloto de turbina conozca su sistema de combustible, supervise constantemente los niveles de combustible y mantenga una carga de combustible equilibrada.

Con la adición de un tanque de ajuste de combustible posterior, los diseños actuales de las aeronaves integran los sistemas de combustible de la aeronave con la gestión del centro de gravedad (CG) para mejorar el rendimiento de la aeronave. Una computadora de gestión y cantidad de combustible controla las transferencias de carga de combustible necesarias. El combustible se transfiere de vuelta al tanque de ajuste para mover el CG de la aeronave hacia atrás y fuera del tanque de ajuste para mover el CG de la aeronave hacia adelante. La transferencia de combustible para modificar el CG de la aeronave aprovecha ese fenómeno para reducir la fuerza hacia abajo de la cola y la resistencia de ajuste, lo que permite que la aeronave vuele de manera más eficiente.

El equilibrado lateral del combustible ha existido durante muchos años. Las transferencias de combustible hacia dentro y hacia fuera del ala se utilizan en muchas aeronaves para reducir los momentos de flexión y, por lo tanto, la fatiga estructural en la estructura del ala. Considera el peso de todo ese combustible en los tanques del ala. Un Boeing 767 puede alojar 41,000 libras de combustible por ala. En tierra, cuando no hay fuerzas de sustentación que soporten el peso del ala, a veces se puede observar una notable caída del ala cuando los tanques de combustible del ala están llenos. Moviendo el combustible hacia los tanques interiores, podemos minimizar este efecto. Una vez que el avión está en el aire, la sustentación curva las alas hacia arriba. Moviendo el combustible hacia los tanques exteriores también podemos minimizar este momento de flexión. En los aviones más antiguos, el equilibrado de la carga de combustible se realizaba manualmente desde un panel de control de combustible en la estación del ingeniero de vuelo. Las aeronaves más nuevas gestionan automáticamente la complejidad del equilibrado de combustible mediante el uso de sistemas computarizados.

Capítulo 4

Sistema de motores de A320 y B737

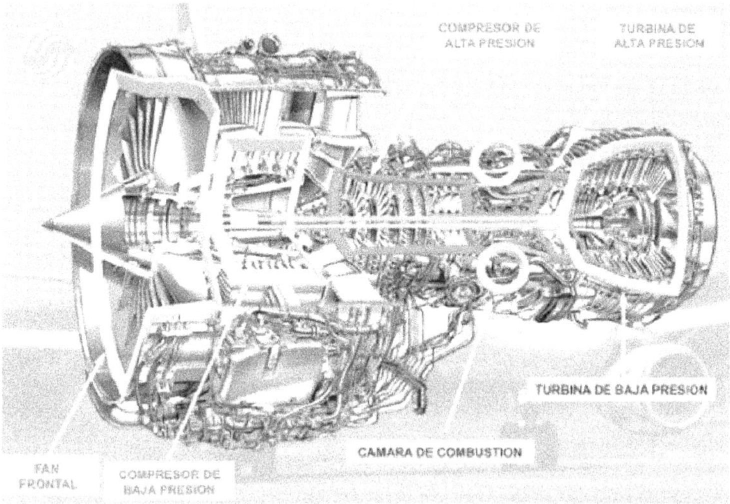

Aviation Bookstore
aviation step by step

Introducción

Con el objeto de familiarizarse en los diferentes tipos de motores a reacción, en este capítulo se analizan los sistemas de motores de dos de las aeronaves mas voladas del mundo, el modelo A320 de Airbus y el modelo 737 de Boeing.

Sistema de motores de Airbus A320

Todos los aviones de la familia de A320 están equipados con motores "International Aero Engines" IAE V2500. Tal como la mayoría de los motores a reacción, nuestro IAE esta compuesto por:

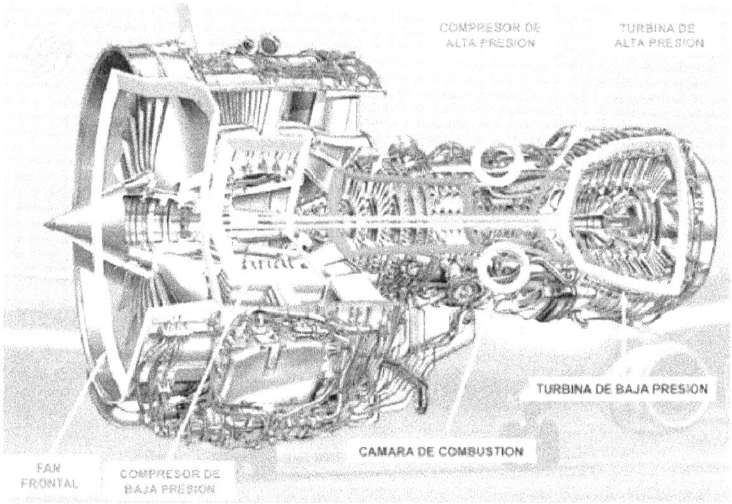

Veamos mas en detalle como se vinculan sus partes:

El rotor de baja velocidad (N1), lo forman un fan frontal y un compresor de baja presión, conectados a una turbina de baja presión, tal como lo muestra la siguiente imagen:

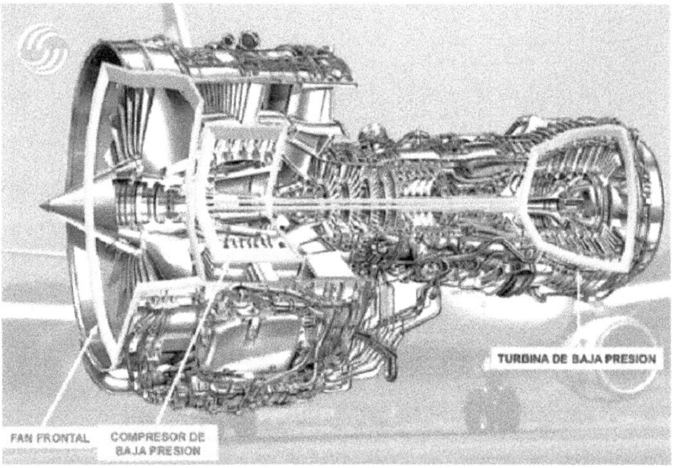

Por otro lado, el rotor de alta velocidad (N2), consiste en un compresor de alta presión conectado a una turbina de alta presión:

Por ultimo, el motor esta equipado con una cámara de combustión que posee dos sistemas de ignición, el sistema de ignición A y el sistema de ignición B.

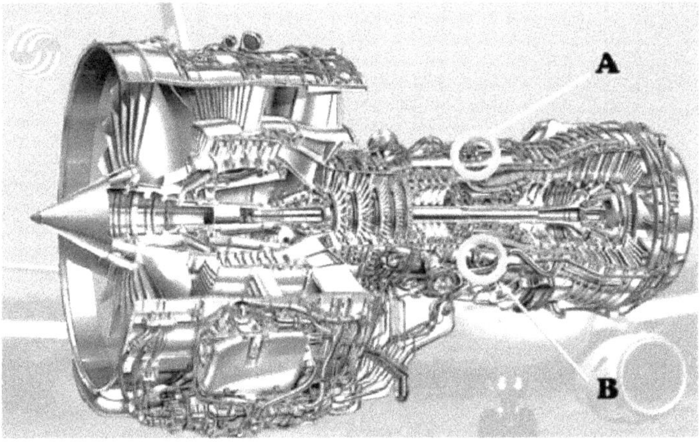

Cada motor esta equipado con un sistema denominado FADEC (Full Authority Digital Engine Control System), quien es el encargado de manejar todos los recursos del motor. Un sistema computarizado que, no solo monitores los parámetros de cada motor, sino que también optimiza los recursos de estos.

Cada motor del A320 esta equipado con un sistema de REVERSORES, el cual es operado de forma manual desde la cabina de mando y se trata de un sistema deflector del flujo de aire, el cual cambia de dirección y continua hacia el lado opuesto al que venia, con el fin de reducir el empuje generado por el motor y de esta manera desacelerar el avión.

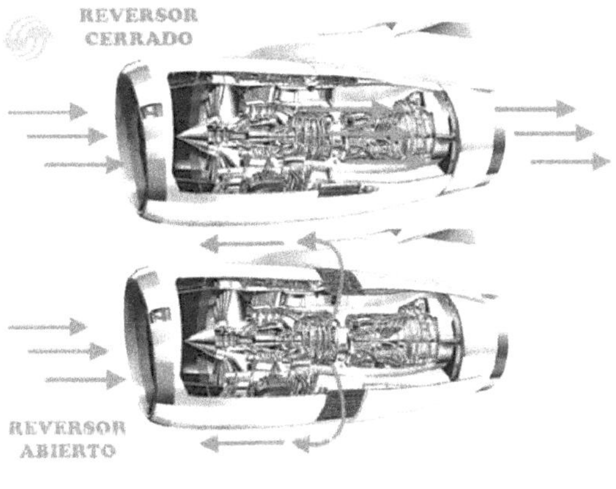

Pasemos ahora, a la cabina de mando y veamos como son operados los motores y los reversores por parte de los pilotos:

Ubicado en el PEDESTAL panel, encontramos el cuadrante de aceleración o panel de aceleradores. Consiste en dos palancas de recorrido horizontal, hacia delante y hacia atrás, incrementando o reduciendo la potencia según se requiera. En el punto numero uno vemos desde arriba como luce el cuadrante de aceleración con sus dos palancas y las guías para su recorrido completo. En el punto numero dos, encontramos las palancas de aceleración.

El punto numero tres indica, dos solapas plásticas que activan los reversores al ser levantadas y tiradas hacia atrás. Por ultimo, en el punto numero cuatro vemos un botón (color rojo) que cumple la función de desactivar la aceleración automática del sistema conocida como AUTOTHRUST o A/THR.

Justo debajo del cuadrante de aceleración, encontramos el panel de encendido de los motores. Veamos:

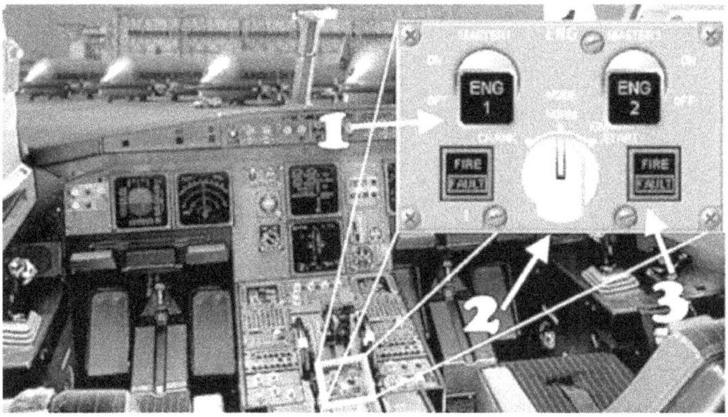

El punto numero uno vemos dos perillas que indican el numero de cada motor, y son las conocidas como MASTER SWITCH del motor 1 y del motor 2. El punto numero dos se trata de una perilla giratoria con tres posiciones: NORM para operación durante un vuelo normal. START para activar el sistema de ignición A o B en la cámara de combustión y CRANK para activar el sistema de drenaje del motor ante una puesta en marcha fallida.

Por ultimo sobre el OVERHEAD panel, encontramos el panel de control para la puesta en marcha manual en caso de una puesta en marcha automática fallida.

El sistema de combustible de nuestro avión es similar al tradicional sistema de combustible de la mayoría de las aeronaves. Con sus cinco tanques ubicados distribuidos entre el fuselaje y las alas, el A320 tiene una capacidad de 19.000 kilogramos. La disposición de sus tanques es la siguiente:

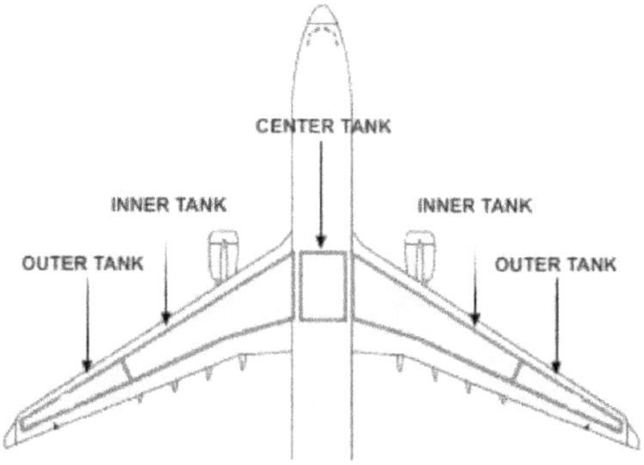

A excepción de los tanques externos, los tanques internos y el central poseen dos bombas de combustible cada uno de ellos, y dos válvulas de transferencia que conectan los externos con los internos.

Desde los tanques internos nacen los conductos que llevan el combustible directamente a los motores, pasando por dos válvulas de baja presión que regulan el paso del combustible. El tanque central también provee combustible a los motores, pero con una sola bomba a cada uno de ellos. En el conducto central encontramos una válvula de pase cruzado de combustible conocida como XFEED VALVE. Cuando la misma esta abierta, el motor izquierdo es alimentado con el combustible del tanque derecho y viceversa. El APU, por su parte, es alimentado con el abastecimiento de combustible de una de las bombas del tanque central y de los tanques izquierdos, tanto el externo como el interno.

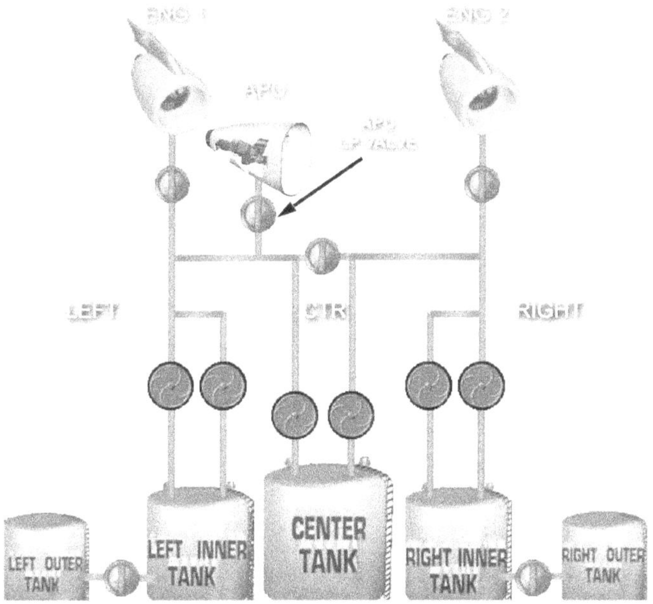

El esquema anterior es la arquitectura del sistema de combustible del A320. Veamos como se ve en la pagina de FUEL del ECAM y notemos la exacta apariencia con su diagrama:

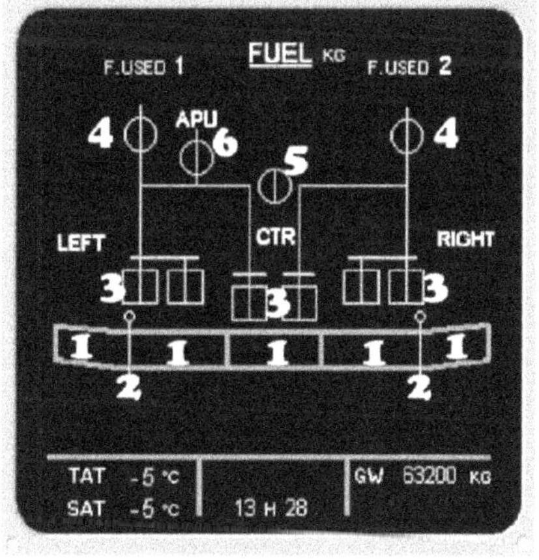

En los cinco puntos 1, tenemos los cinco tanques de combustible. En los puntos numero 2, las dos válvulas de transferencia. En los puntos 3, las dos bombas de combustible de cada tanque. En los puntos 4, las dos válvulas de baja presión, una de cada motor. En el punto 5, la XFEED. Y en el punto 6, la válvula del APU. Observemos ahora la misma pagina de FUEL del ECAM y detallemos su información:

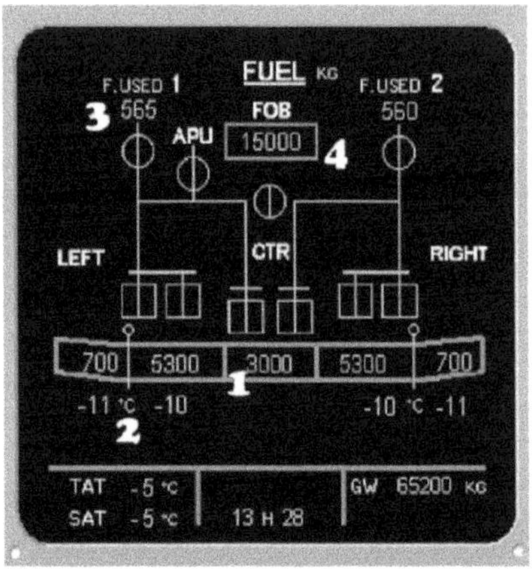

En punto 1 nos indica la cantidad de KG de combustible disponible en cada tanque. El punto 2 representa la temperatura de los tanques externos e internos. El punto 3 indica el combustible utilizado por cada motor. Y por ultimo, el punto 4 representa el conocido como FOB (Fuel on Board) o combustible a bordo, el cual debe coincidir con la suma de la cantidad en cada tanque! Ahora bien, conozcamos cómo se opera el sistema de combustible desde la cabina de mando. Su panel esta ubicado en el OVERHEAD panel, al igual que casi todos los sistemas. Veamos:

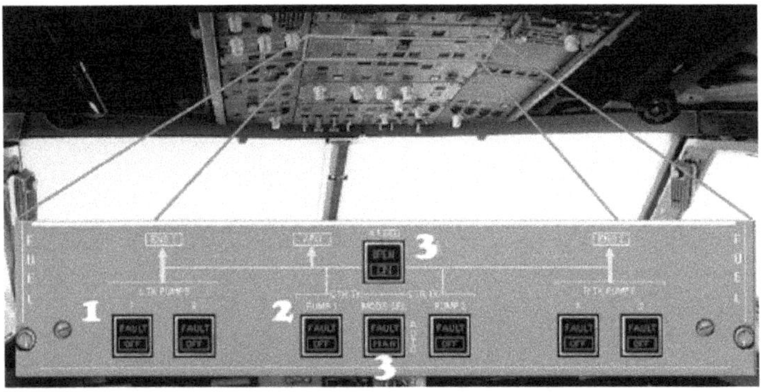

En el punto 1 podemos observar los botones de operación de las bombas de los tanques internos, dos de cada lado. En el punto 2 encontramos los botones de operación de las bombas del tanque central. Y en los punto numero 3, por un lado tenemos la XFEED y justo debajo de ella, un botón conocido como selector de modo o MODE SELECTOR, el cual permite a los pilotos operar las bombas del tanque central de forma manual o automática., a diferencia del resto de las bombas de combustible que son de operación completamente manual. Como podemos observar, el APU no posee un botón de activación o desactivación de su alimentación de combustible, ya que el mismo es operado automáticamente al iniciar el sistema de APU.

Control automático de potencia

El sistema de empuje automático o autothrust (A/THR) tiene la capacidad de trabajar en dos modos diferentes. El modo Speed y el modo THR.

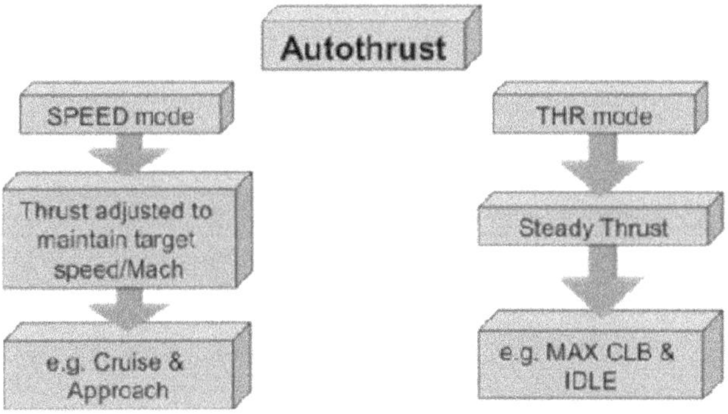

En el modo SPEED, el sistema ajusta continuamente la potencia con el fin de mantener la velocidad objetiva o seleccionada por los pilotos. Usualmente durante las etapa de crucero y aproximación. Por otro lado, en el modo THR, el sistema configura una determinada potencia, si tener en cuenta la velocidad seleccionada previamente. Usualmente utilizado para los ascensos o CLB y durante la operación en IDLE.

Respecto al cuadrante de aceleración, presenta diferentes posiciones, relativas a los modos de uso que tiene disponible el sistema. Inicia desde la posición IDLE, en el modo THR. Aquí los motores generan el empuje mínimo para mantener una velocidad de rodaje. Al costado de las palancas, existen señalizaciones que indicar la posición de los aceleradores (flecha).

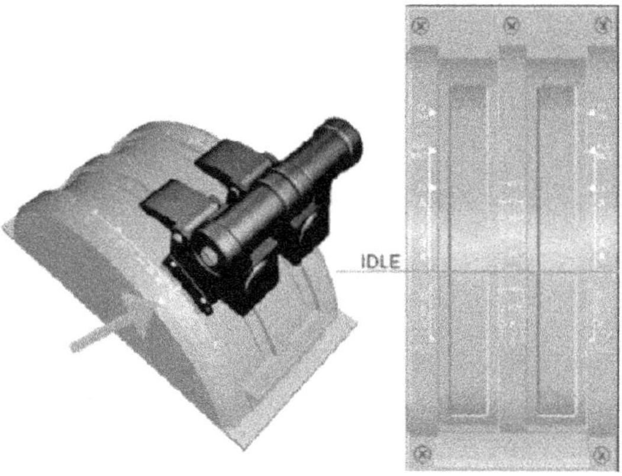

La segunda posición, luego de IDLE, es la posición de CLIMB o CLB. Esta posición responde al modo SPEED del sistema de A/THR. Usualmente utilizada en las etapas de vuelo de ascenso, crucero, descenso y aproximación.

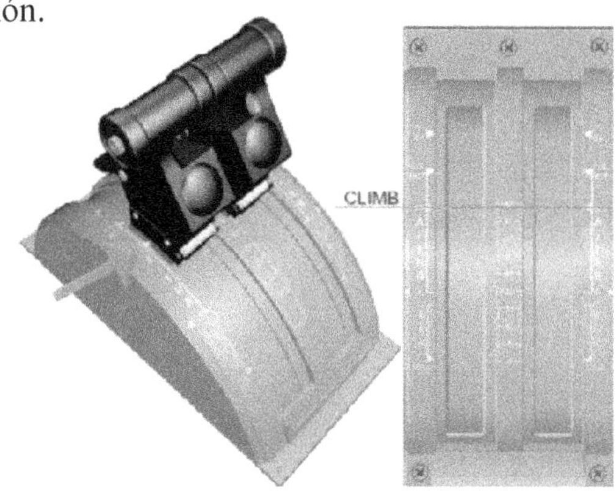

Por ultimo, existen dos posiciones, MCT/FLX y TO/GA, utilizadas únicamente para las fases de despegue y aproximación frustrada, dependiendo de diversos factores como:

- Condiciones meteorológicas.
- Condiciones de pista.
- Peso de la aeronave.
- Y en aproximación frustrada, ante cualquier situación que requiera tal procedimiento.

En la posición MCT (maximum continuous thrust) o máximo empuje continuo, el sistema emplea el máximo empuje disponible de forma continua. Utilizado durante los procedimientos de falla de motor.

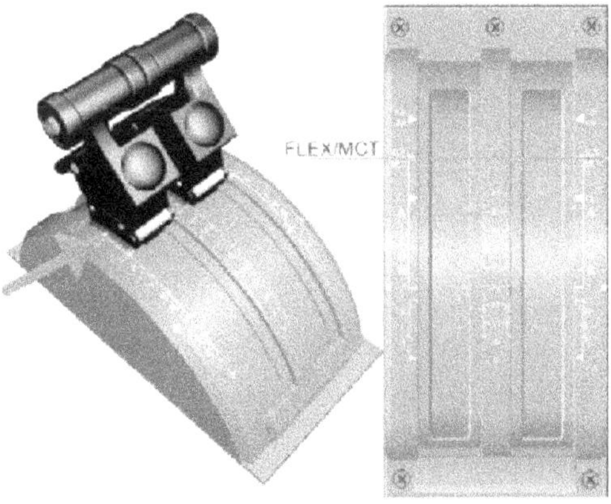

Por otro lado, la misma posición también pertenece a la FLEX o despegues por temperaturas. Utilizado por el sistema para emplear la potencia exacta y necesaria para un despegue considerando todas las variables anteriores. Este sistema preserva la vida útil de los motores.

Por ultimo, la posición TO/GA de "Take Off" and "Go Around", es la posición de máximo empuje de los motores. Usualmente utilizada durante un despegue con peso máximo o pista contaminada, y durante un procedimiento de aproximación frustrada con el fin de garantizar el máximo régimen de ascenso de forma inmediata y con la actual configuración del avión.

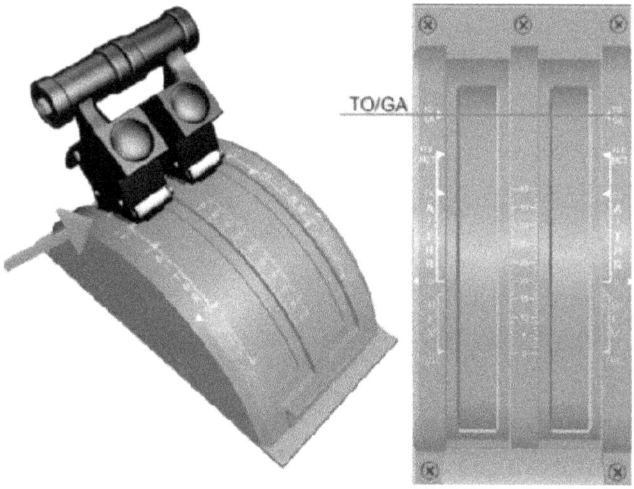

En cualquier momento del vuelo, los pilotos pueden desconectar, tanto el sistema de vuelo automático como el sistema de aceleración automática, solo pulsando un botón y tomando el control del avión par continuar el vuelo de forma manual.

Sistema de motores de Boeing 737

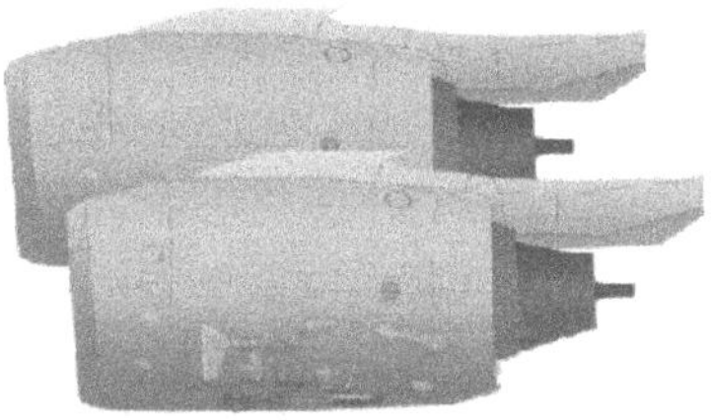

La aeronave está equipada con dos motores modelos CFM56-7 de doble rotor que entregan una potencia máxima de 27.300 lbs.

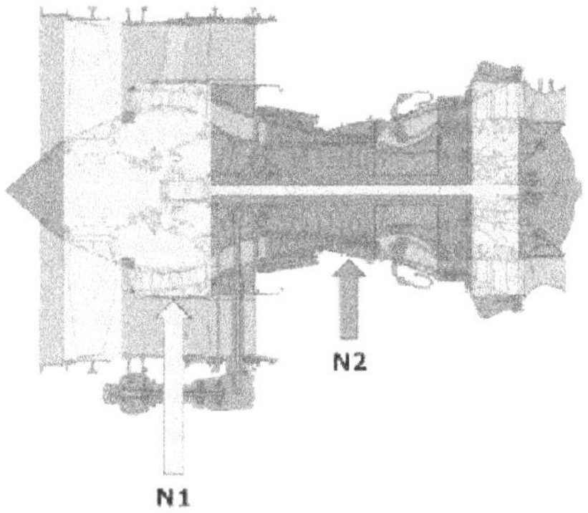

Cada motor esta compuesto por una serie de partes que forman a la planta de poder. Entre los principales componentes se destacan dos rotores (N1 y N2) mecánicamente independientes entre si.

El primer rotor N1, está formado por tres secciones de trabajo. El FAN inicial, compuesto por una serie de álabes en forma de rueda, un compresor de baja presión y una turbina de baja presión.

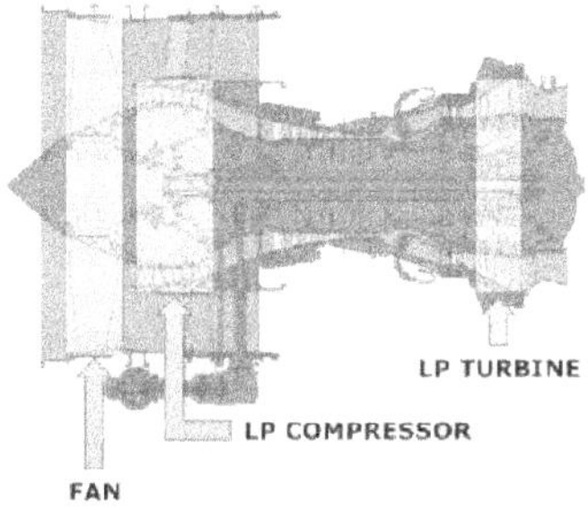

El segundo rotor N2, está formado por dos secciones. Un compresor de alta presión y una turbina de alta presión.

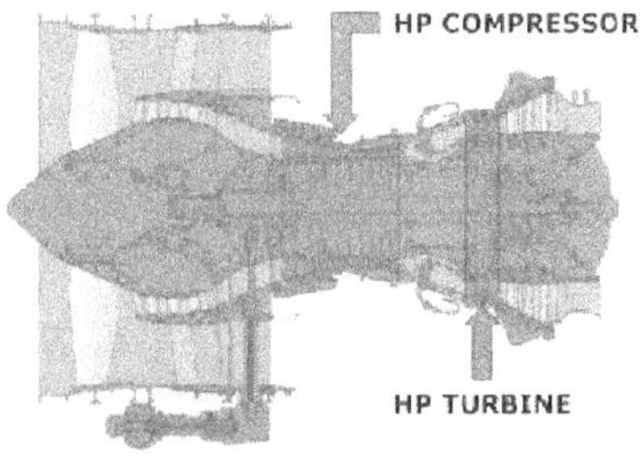

Cada motor es regulado por un doble canal electrónico de control llamado EEC (electronic engine control). Su principio de funcionamiento se basa en la información recibida desde el sistema AUTO THROTTLE y de la ubicación de las palancas de los aceleradores. Con esta información, el sistema EEC regula la cantidad de combustible que llega al motor, mediante una unidad hidromecánica llamada HMU (hydro mechanic unit).

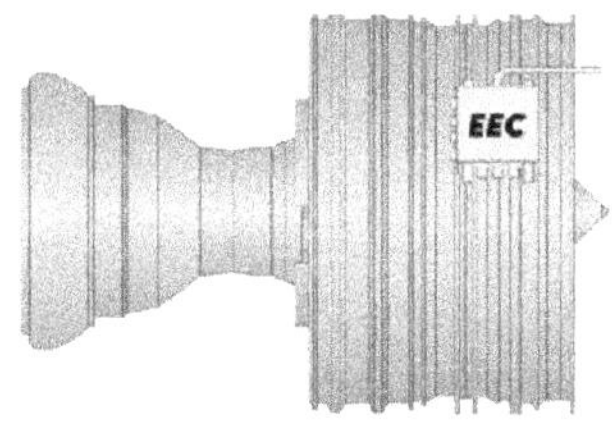

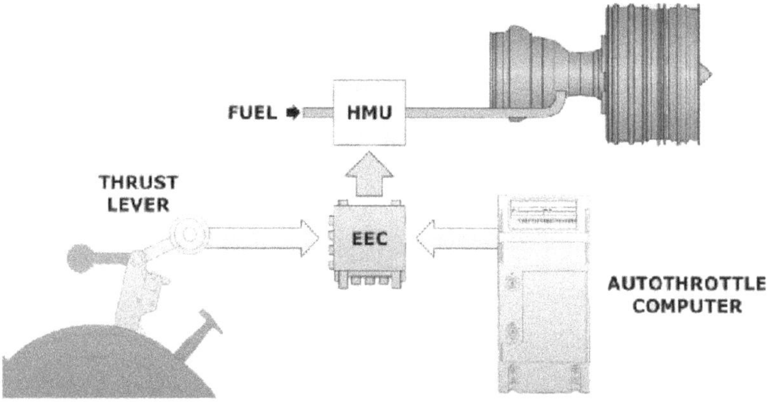

El principio de funcionamiento de este motor es similar al resto de los motores aeronáuticos a reacción. Se basa en el recorrido del aire que ingresa al motor y atraviesa diferentes etapas hasta generar la ignición que da lugar a la potencia.

El flujo de aire ingresa al motor por medio del FAN desde la sección delantera. Luego de cruzar el FAN, el aire toma dos caminos diferentes. Una proporción de la masa de aire viaja a través del centro del motor, pasando por la sección del compresor y la cámara de combustión, donde se mezclará con el combustible para generar la ignición que dará lugar a la tracción. A este recorrido del aire se lo denomina como flujo de aire primario y aporta, aproximadamente, el 80% de la potencia del motor. Por otra parte, el flujo de aire restante, conocido como flujo de aire secundario, recorre los bordes del motor hasta lograr ser expulsado por la parte trasera.

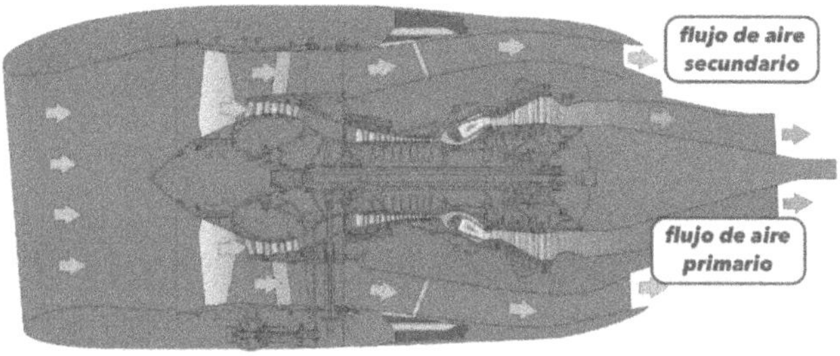

Parte del flujo secundario del aire le da función al sistema de reversores. Este sistema se basa en abrir la cavidad interna del motor para permitir que salga el flujo de aire secundario, generando un empuje inverso a la tracción, lo que reduce la acción que ésta ejerce sobre la carrera de aterrizaje o durante la carrera de un despegue abortado (RTO)

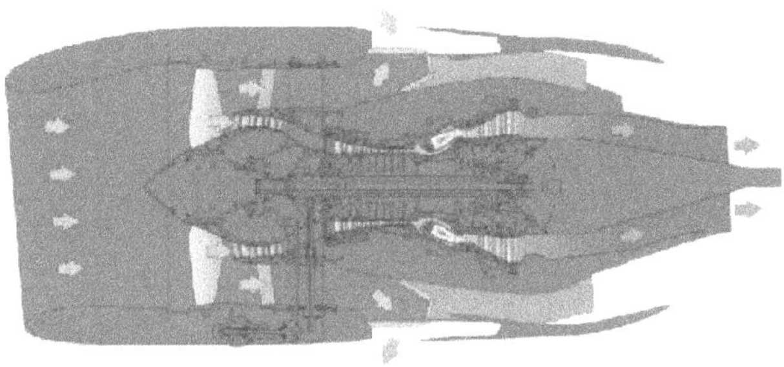

El principio de funcionamiento del motor esta basado en una serie de subsistemas ubicados dentro de sistema del motor. Estos subsistemas trabajan en conjunto para garantizar la exitosa operación. Dentro de cada rotor N2 se ubican las bombas de combustible, aceite e hidráulica, junto con el generador eléctrico de AC, todos contenidos en una sección conocida como "Gearbox". El funcionamiento de estos subsistemas es indispensable para la correcta operación del motor. A continuación, se detalla el principio de funcionamiento de cada uno.

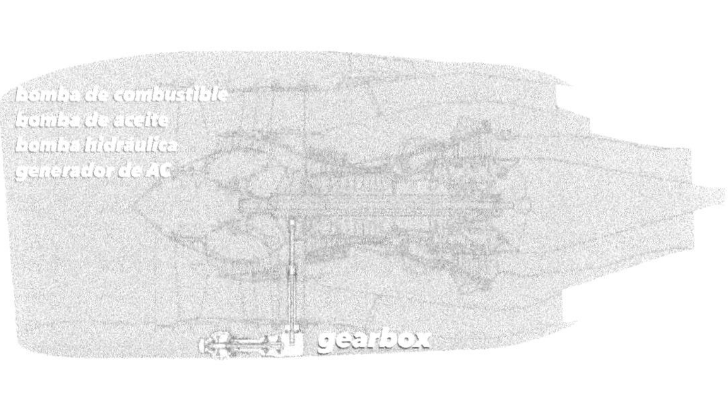

El combustible pasa por una serie de etapas hasta lograr llegar a la cámara de combustión del motor. Este recorrido es posible por el trabajo de la bomba de combustible que garantiza una presión en el flujo del mismo.

El combustible proveniente de los tanques pasa por la bomba de primera instancia, aumenta su presión para pasar por los dispositivos de intercambio de temperaturas hasta llegar al filtro, donde eliminará todos los contaminantes.

Al salir del filtro, pasa por la bomba de segunda instancia para recuperar la presión perdida en las etapas anteriores hasta llegar al HMU, donde el flujo de combustible será regulado por este sistema considerando la operación del EEC, desde allí hacia la última instancia, el transmisor del flujo de combustible y luego al motor.

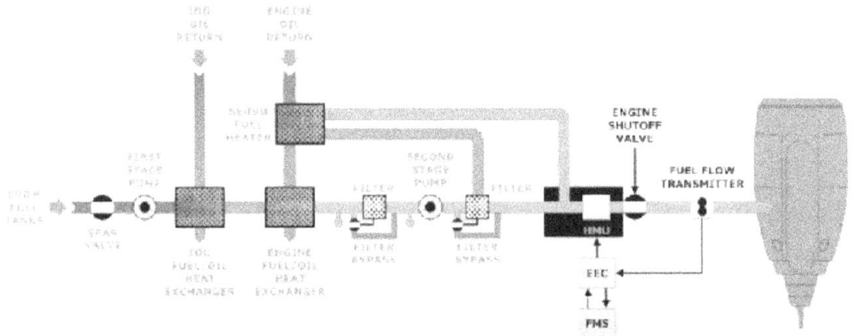

Entre la unidad HMU y el transmisor del flujo de combustible, se ubica la válvula de corte del motor. Al cerrar esta válvula, el combustible no llegará a la cámara de combustión y el motor se detendrá. Desde la cabina de mando, los pilotos observan la información proveniente del "Fuel Flow Transmitter", en las DUs (upper y Lowe displays).

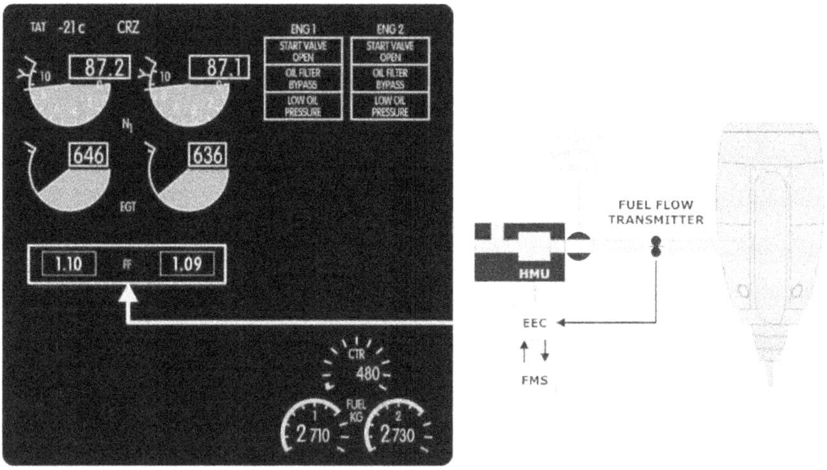

Por su parte, la bomba de aceite cumple un funcionamiento similar a la bomba de combustible, salvo que el recorrido de este fluido es diferente. El aceite viaja desde su deposito hasta la bomba de aceite impulsada por el motor.

Desde aquí, adquiere la presión suficiente para iniciar el recorrido por diferentes secciones, pasando por un filtro que elimina los contaminantes, luego por un sensor de temperatura de aceite y continua su recorrido hasta llegar al motor.

Dentro del sistema, el aceite cumple dos funciones, refrigerar y lubricar al motor y sus componentes. Al finalizar el ciclo, el aceite remanente retorna al sistema con un recorrido que lo lleva a pasar por diferentes instancias hasta llegar nuevamente al inicio para volver a comenzar su recorrido.

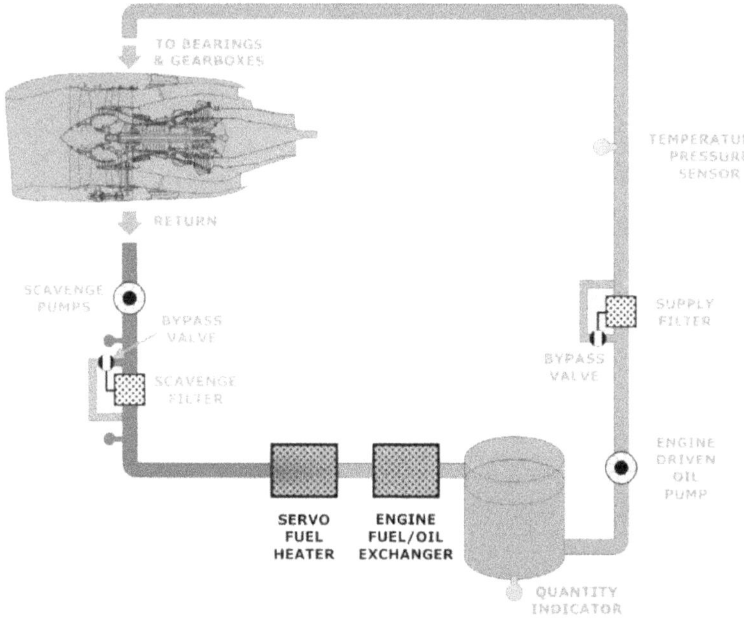

Al momento de iniciar el encendido del motor, el sistema toma presión de aire de tres fuentes posibles: desde el otro motor ya encendido, desde el APU o desde una fuente neumática externa.

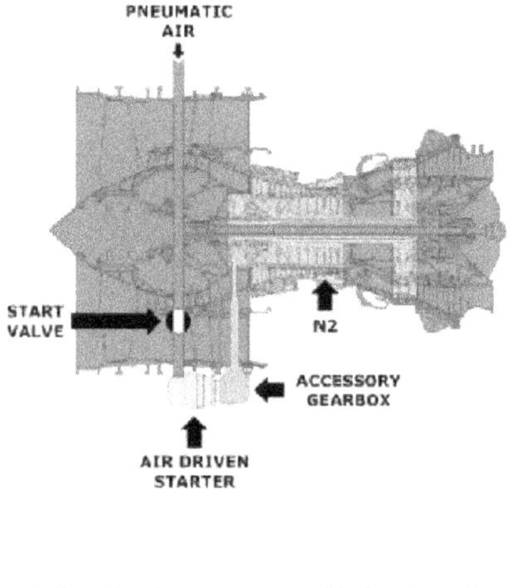

La válvula de inicio se abre permitiendo ingresar al flujo de aire. Cuando el valor de N2 llega al 25%, el piloto lleva las palancas de aceleración a la posición IDLE, esto abrirá la válvula de combustible y y la válvula HMU. Este proceso dará lugar al siguiente paso, la ignición.

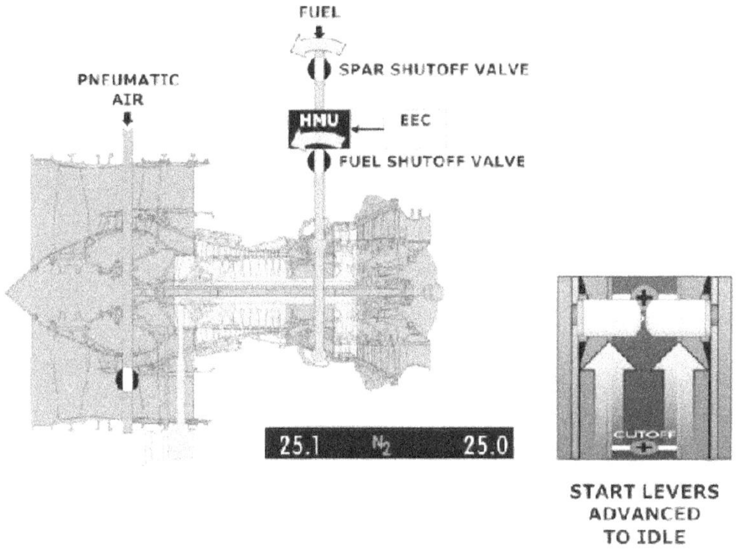

Desde el panel inferior o "Pedestal Panel", el piloto puede controlar la potencia de los motores y el sistema de reversores, todo desde el cuadrante de aceleración.

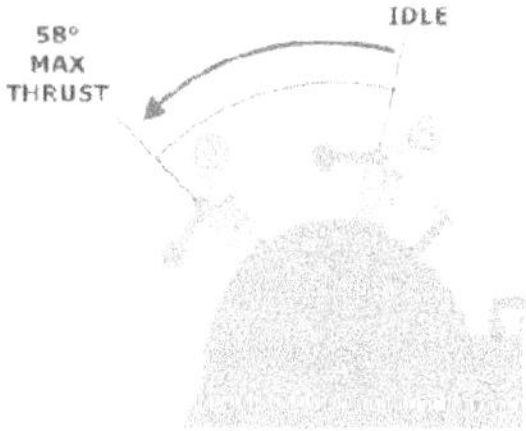

Las palancas de aceleración tienen un recorrido de 58° desde la posición IDLE hasta la posición de máxima potencia. Durante la operación manual de la potencia, el piloto podrá ajustar este valor según sea necesario, pero siempre dentro de este rango operativo. El sistema EEC ofrece dos modos de control de la potencia, uno normal y uno alternativo. En el modo normal, el ECC considera las condiciones actuales de vuelo y la demanda de presión de aire para controlar un correcto valor de N1. Mientras que en el modo alternativo, no se toman en cuenta las condiciones actuales de vuelo. Estos modos de control de la potencia poseen su panel ubicado en el overhead panel trasero.

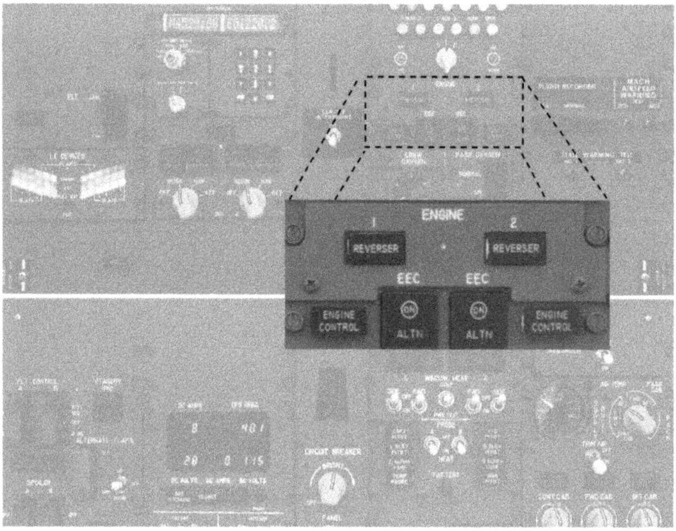

Dentro del mismo panel del ECC, se ubican los dos indicadores de los reversores, uno por cada motor. El sistema de reversores, invierte el flujo de la potencia generando una acción de reducción de empuje durante la carrera de aterrizaje o durante un despegue abortado.

Las palancas de activación de los reversores se ubican delante de cada palanca de aceleración correspondiente a cada motor. Su activación es hacia atrás, en el mismo sentido al de la reducción de la potencia.

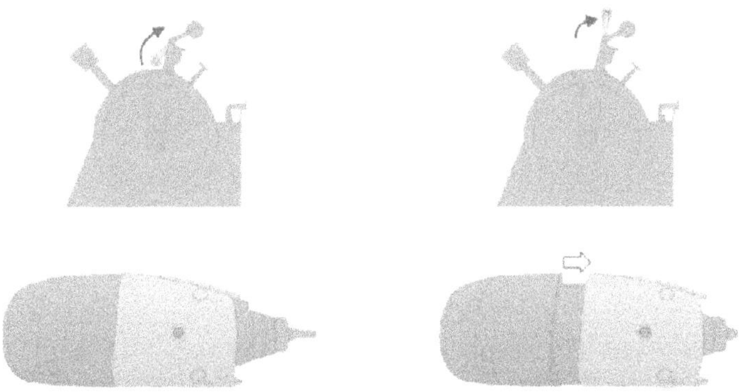

La activación del sistema esta sujeta al cumplimiento de tres condiciones. La aeronave debe estar a menos de 10 pies de altura o ya en tierra, la batería debe estar en ON y los switch de protección de fuego asociados a cada motor deben estar abajo o desactivados. Cualquier desvío de estos tres parámetros imposibilitaría la operación de los reversores.

Como protección adicional al sistema, la palanca de revisores queda trabada en la posición IDLE REV hasta que el sistema haya alcanzado el 60% de la acción. Esto evitará que el piloto lleve las palancas hacia adelante accidentalmente.

Cuando el sistema de reversores es activado, en el upper display, justo arriba de las indicaciones de N1 de cada motor, aparece la palabra REV indicando que el sistema ha sido activado. Mientras que los reversores estén en el recorrido hasta su despliegue total, la palabra REV se mostrará en color ámbar. Una vez que los reversores estén completamente desplegados, la palabra REV se mostrará en color verde.

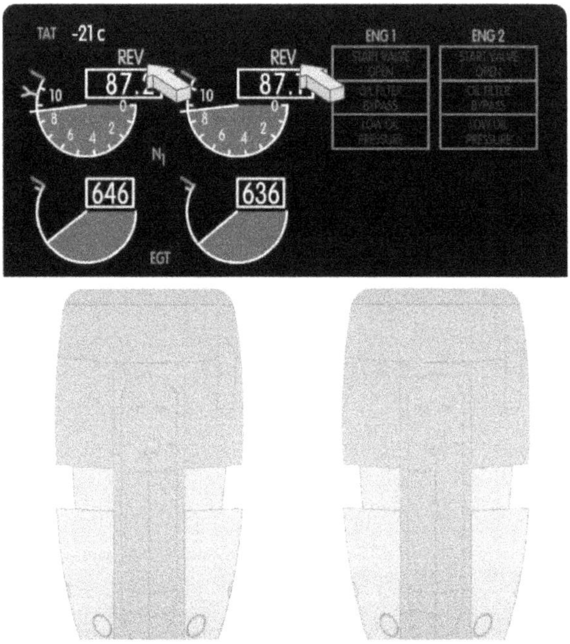

Chapter 1

Performance en motores a reacción

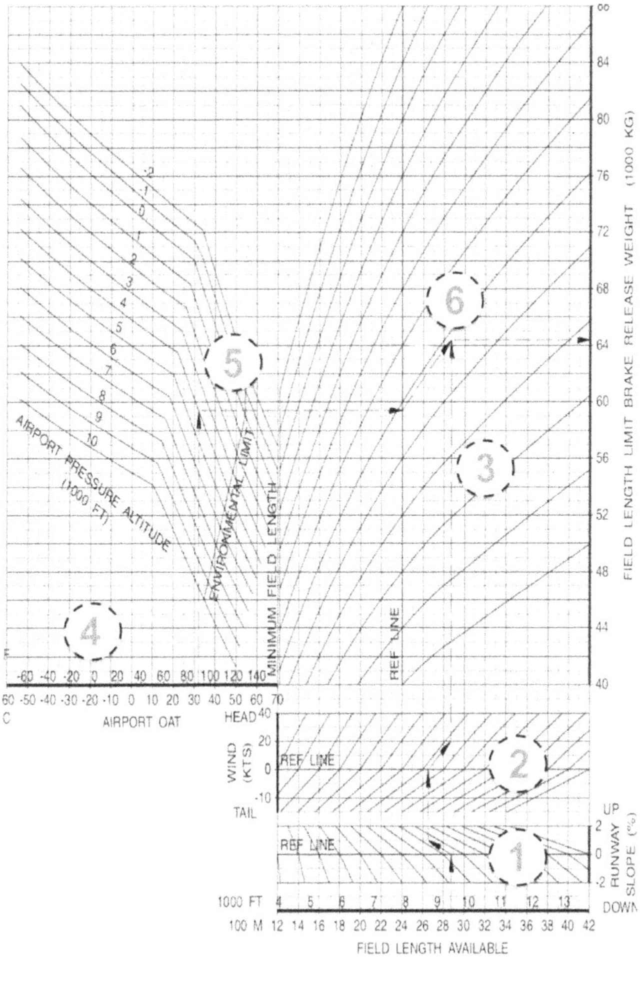

Aviation Bookstore
aviation step by step

Limitaciones del Peso de Despegue

Para todo peso máximo definido por el fabricante, existen restricciones o limitaciones adicionales que se deben aplicar al despegue y estarán dadas por condiciones atmosféricas, obstáculos al frente de la trayectoria de pista y por longitud de la misma. Esta ultima opción suele ser la mas común, y a su vez, la mas restrictiva. Imaginemos que una aeronave esta cargada con 64000KG de TOW y MTOW definido por el fabricante es de 65000KG, aquí podríamos considerar que la aeronave podría despegar sin inconvenientes. Pero, imaginemos ahora que la misma desea despegar de un aeropuerto con una gran elevación, una pendiente de pista y una longitud reducida de la misma, en estas condiciones la carrera de despegue debería ser mas corta y quizás no sea suficiente para lograr empujar los 64000KG hasta la velocidad de despegue. Por tanto la aeronave estaría limitando su MTOW por longitud de pista y llevando a este a un valor inferior al previsto de 65000KG.

Para obtener este valor de MTOW limitado por longitud de pista, se utilizan las tablas de performance de **Takeoff Field Limit** para una determinada configuración. Para su utilización debemos contar con los siguientes datos:

- Longitud y pendiente de pista.
- Viento y temperatura.
- Altitud de presión del aeropuerto.

Conozcamos la tabla y veamos, paso a paso, su utilización:

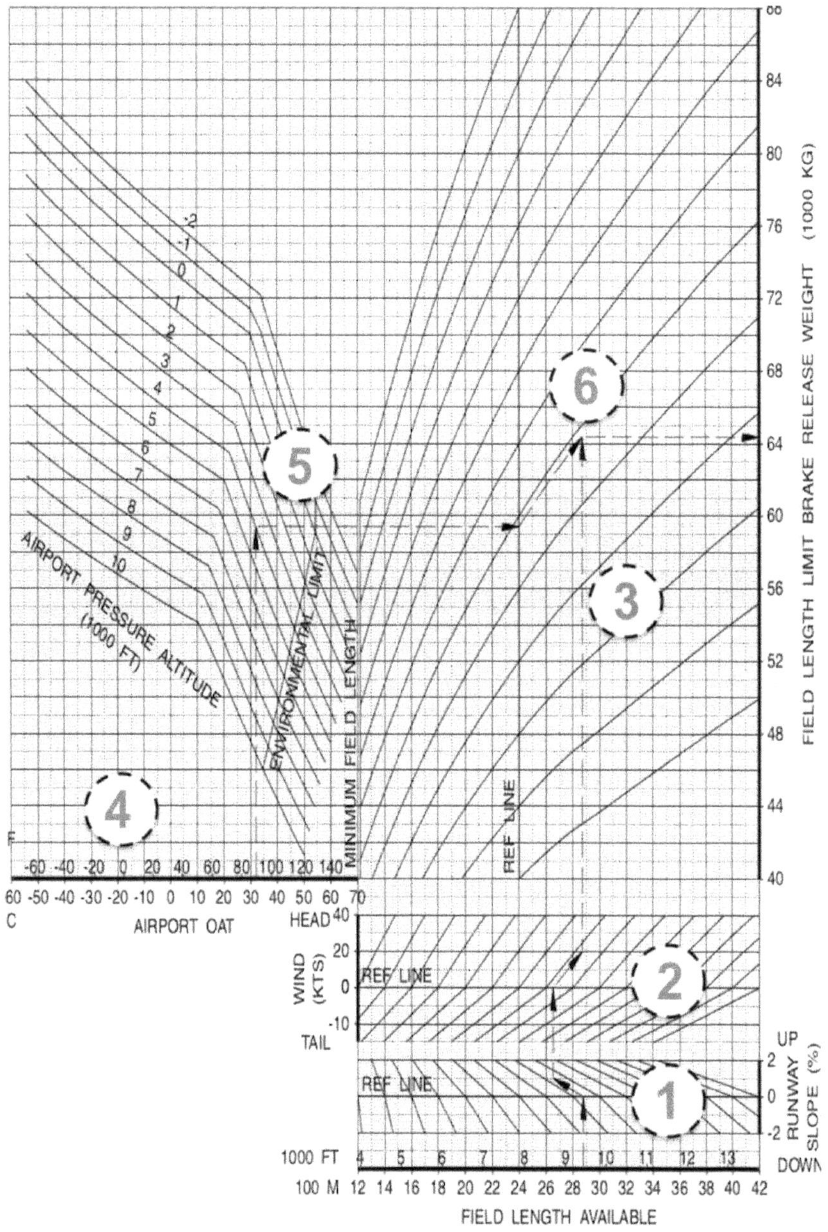

Nos basaremos en el ejemplo descripto en la tabla para las siguientes condiciones:

Longitud de pista: 2840 metros.
Pendiente de pista: 1.0 UP.
Viento: Head Wind 20KT.
Temperatura: 32°C.
Alt. Presión Aeropuerto: 4000FT.

Esta es una tabla de doble ingreso, es decir, deberemos ingresar los datos por dos sectores diferentes, y al final de ambos, unimos las resultantes para obtener el valor buscado. Siguiendo la secuencia numérica descripta en la tabla de ejemplo, vamos a ingresar por la sección número uno correspondiente a la longitud y pendiente de pista. Veamos:

En primera instancia, ingresamos por el valor de longitud de pista, es decir, por el valor de 2840 Metros (primero punto). Desde allí, subimos hasta la REF LINE de pendiente de pista 0 (segundo punto), para luego continuar paralelo a la línea curva hasta nuestro valor de pendiente de pista, es decir hasta 1.0 UP (tercero punto).

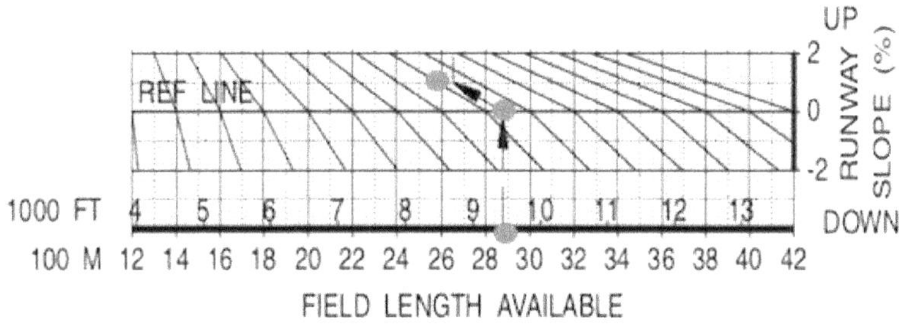

Continuando con la secuencia numérica, pasamos a la sección número dos, donde debemos volcar los datos del viento, pero desde el punto final del paso anterior. Desde el punto de pendiente de pista 1.0UP, trazamos una línea recta hasta la siguiente REF LINE (viento cero) y desde allí, continuamos paralelo a la línea curva hasta alcanzar la intensidad de viento que corresponda, en este caso 20KT (último punto).

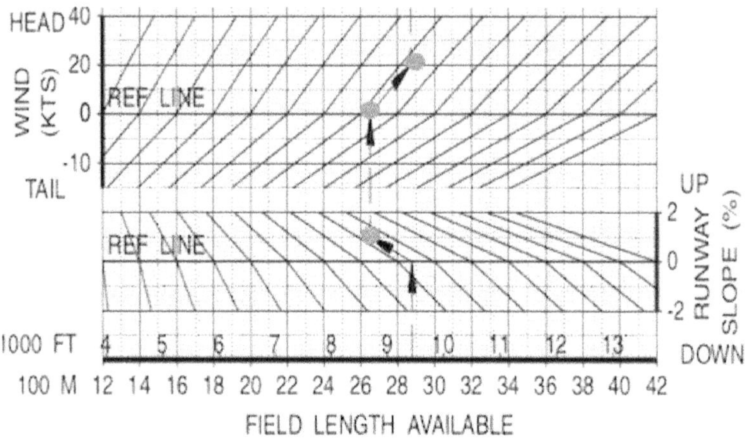

A partir del final de la representación del viento, debemos trazar una línea recta y paralela a la siguiente REF LINE pero sin final. Esta línea se juntará con las resultantes de los cálculos siguientes, tal como lo muestra el punto número tres de la tabla.

Hasta aquí hemos finalizado la primera sección de ingreso de datos a la tabla. Ahora es momento de volver a ingresar a la misma pero por otras variables como la temperatura y la presión de altitud del aeropuerto.

Siguiendo con la secuencia numérica, en el punto número cuatro, ingresamos el valor de temperatura, en este caso es de 32°C, marcados en el primer punto. Desde allí se debe alcanzar el valor del punto número cinco de nuestra secuencia. Subimos en línea recta hasta alcanzar la altitud de presión del aeropuerto que indica 4000FT. Al llegar a segundo punto, trazamos una línea recta horizontal hacia la derecha hasta alcanzar la siguiente REF LINE, previo a la intersección con la línea resultante del primer ingreso a la tabla.

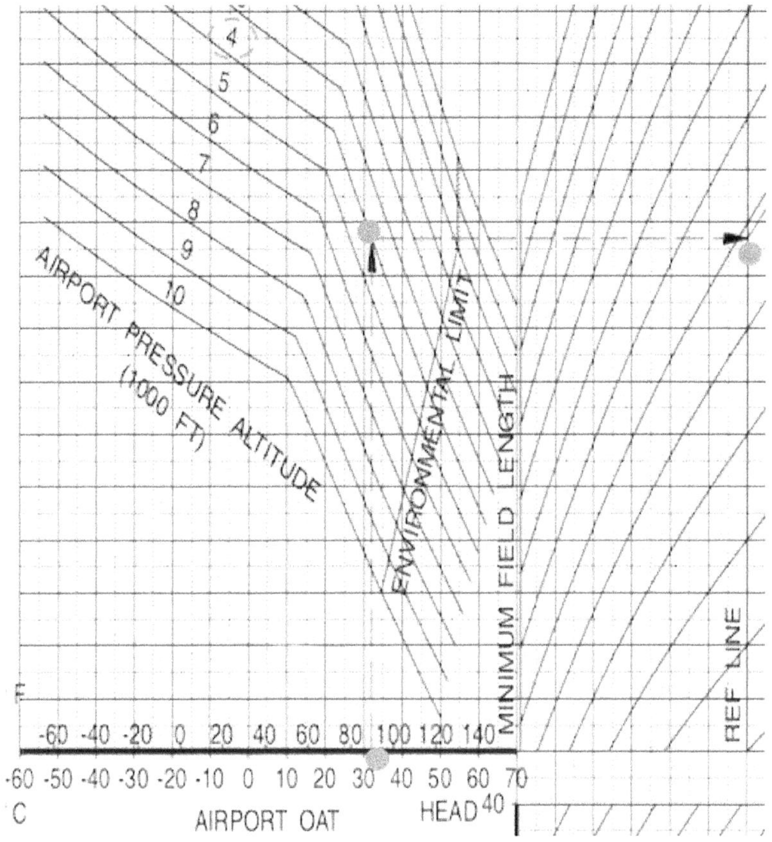

Por último, llegamos al punto número seis de nuestra secuencia numérica. Desde la REF LINE del paso anterior, continuamos paralelos a la línea curva hasta la intersección de la línea recta del primer ingreso. Desde esta intersección, trazamos una línea recta horizontal hacia la derecha y leemos el valor expresados en KG x1000, para obtener el resultado final.

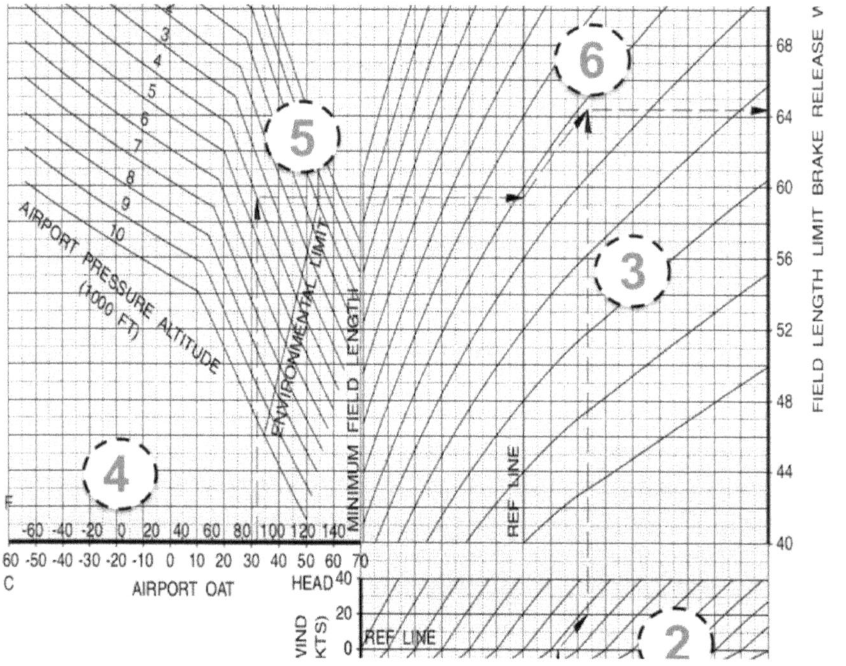

Resultado Final*:* El MTOW para este ejemplo es de 64.500KG. Como vimos al inicio, el MTWO del fabricante era de 65.000KG, el TOW actual era de 64.000KG y la tabla indica que por limitación, aun podríamos cargar 500KG mas.

TOW Limitado por Obstáculos

Continuando con las limitaciones del TOW, veamos una muy habitual para los aeropuertos con obstáculos en la trayectoria de pista, la limitación del TOW por altura de obstáculos.

Este cálculo se basa en el principio de que una aeronave con mayor peso requiere una gradiente de ascenso reducida, lo cuál podría provocar la incapacidad de la aeronave para sortear un obstáculo al frente. En caso de no poder sortear el obstáculo, se debería calcular el MTOW corregido por altura de obstáculos. Para tal cálculo intervienen cinco variables:

- La altura del obstáculo.
- La temperatura.
- La altitud de presión.
- Las condiciones del viento.
- Distancia desde el umbral de pista hasta el obstáculo.

Para el siguiente cálculo, al igual que los anteriores, se toma una configuración en particular prevista para el despegue. Usualmente la configuración varía según la posición del Flaps.

Para el estudio de este gráfico vamos a considerar la configuración de Flaps 1 y dividiremos la tabla en 4 secciones, al igual que las tablas anteriores.

Comencemos por conocer la tabla completa para luego iniciar el recorrido por sus diferentes secciones:

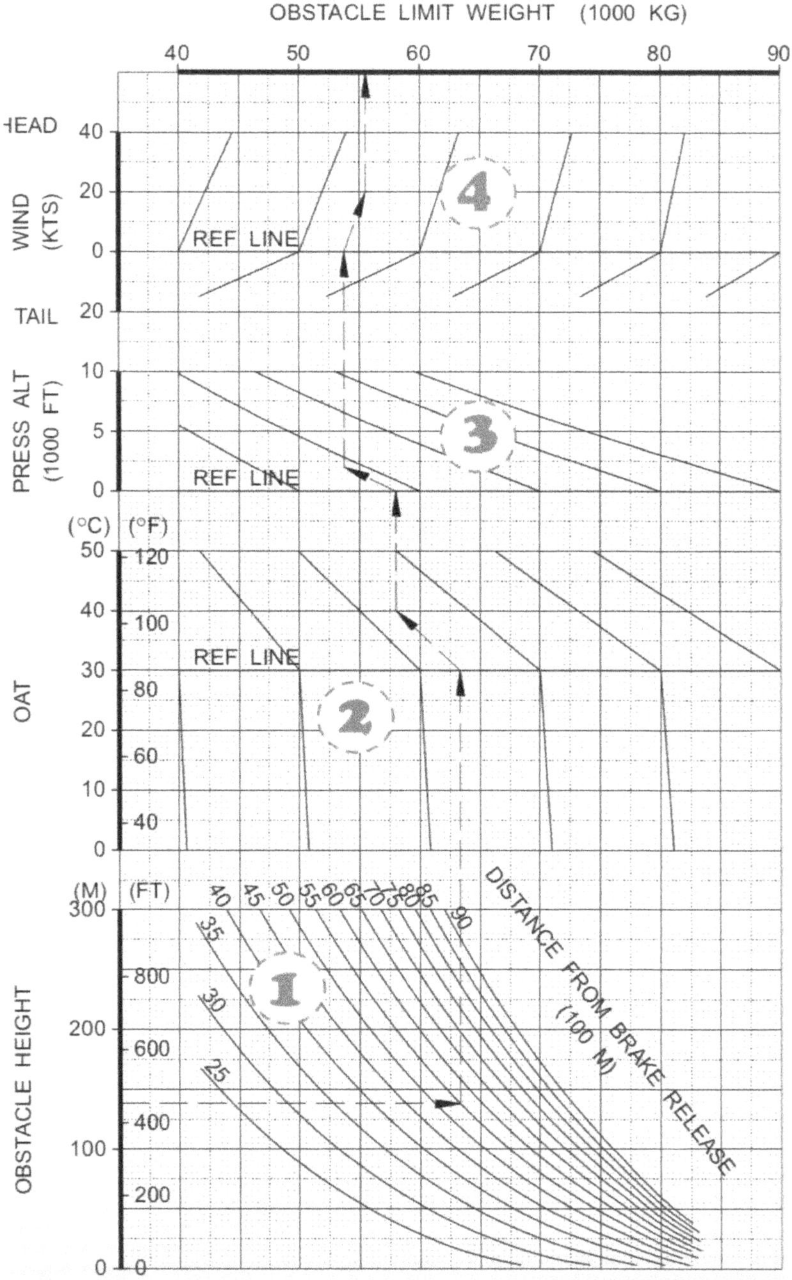

Antes de iniciar, imaginemos un ejemplo y sus cinco variables.

- **La altura del obstáculo:** 130 metros.
- **La temperatura:** 40°C.
- **La altitud de presión:** 2500FT.
- **Las condiciones del viento:** head wind 20kt.
- **Distancia al obstáculo:** 5500 metros

Iniciemos con una nueva secuencia numérica en el punto número uno donde ingresaremos al gráfico por medio de la altura de el obstáculo, es decir, desde la escala del margen izquierdo, en el valor de 130 (M). Desde allí trazamos una línea recta hasta llegar a la línea curva que indica la distancia hacia el obstáculo expresada centenares de metros. En nuestro caso en particular, hasta la línea de 55. Al llegar a ella, trazar una línea recta vertical hacia arriba para dar inicio al segundo paso.

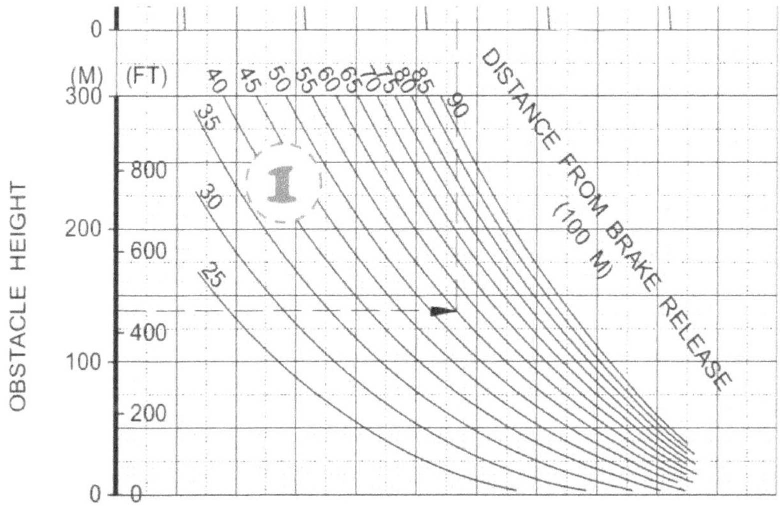

Al iniciar el paso número dos, continuamos la línea recta, previamente trazada, hasta la REF LINE de la segunda variable, la temperatura. Al llegar a la REF LINE, continuamos paralelo a la línea de referencia diagonal hasta la temperatura de nuestro ejemplo, 40°C.

Desde allí, volvemos a trazar una línea recta vertical hasta la siguiente REF LINE de la próxima variable, al llegar a esta, continuamos paralelo a la línea diagonal hasta nuestra altitud de presión de 2500FT. Desde aquí, nuevamente volvemos a trazar una línea recta vertical hacia la ultima variable de esta tabla, la variable de la componente de viento, previo al resultado final.

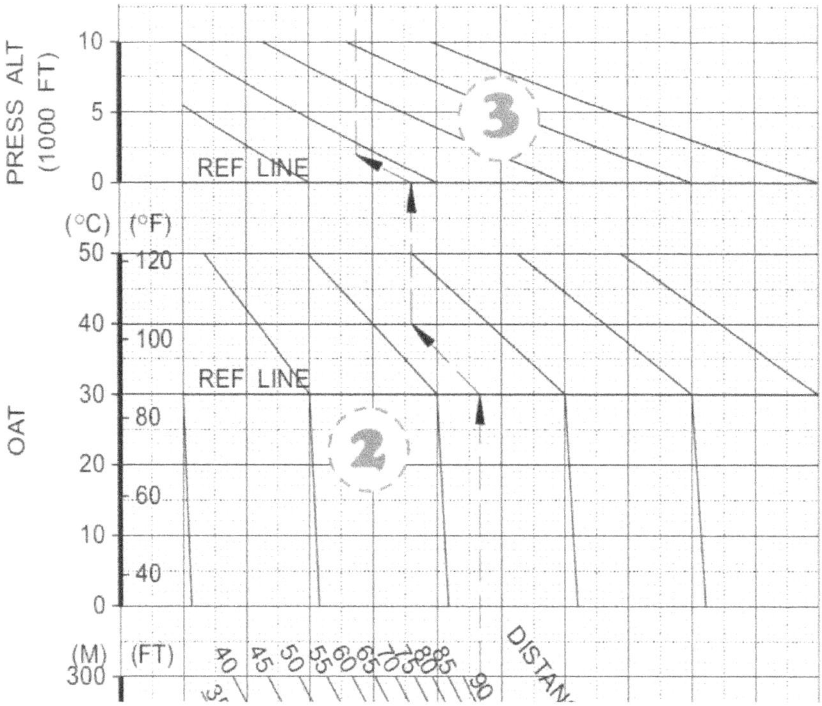

Por último llegamos al punto número cuatro. Continuamos la trayectoria de la línea recta trazada al final del punto anterior hasta alcanzar la REF LINE de la última variable, la componente de viento. En nuestro ejemplo, la misma es de HEAD WIND 20KT. Desde la REF LINE trazamos una línea paralela a la referencia diagonal hasta los 20 KT, y desde allí, la última línea recta vertical hasta el valor final donde obtendremos el MTOW limitado por altura de obstáculo.

En nuestro caso en particular, en función de las variables mencionadas, el MTOW es de 56000KG.

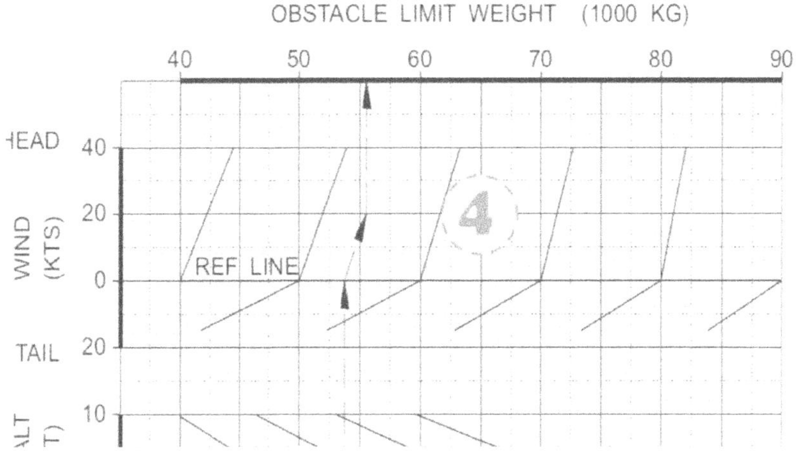

TOW Limitado por Gradiente de Ascenso

Si se mantiene un mismo peso de despegue, al utilizar una posición de FLAP menor, dará como resultado un mayor gradiente de trepada. Esto se debe a que una posición de FLAP menor significa una menor resistencia al avance.

Legalmente se debe respetar un mínimo gradiente de ascenso para superar obstáculos existentes, por lo que al utilizar una posición de FLAP menor, permitirá determinar pesos de despegue limitados por ascenso mayores. Basaremos nuestro ejemplo en un despegue con FLAP 1.

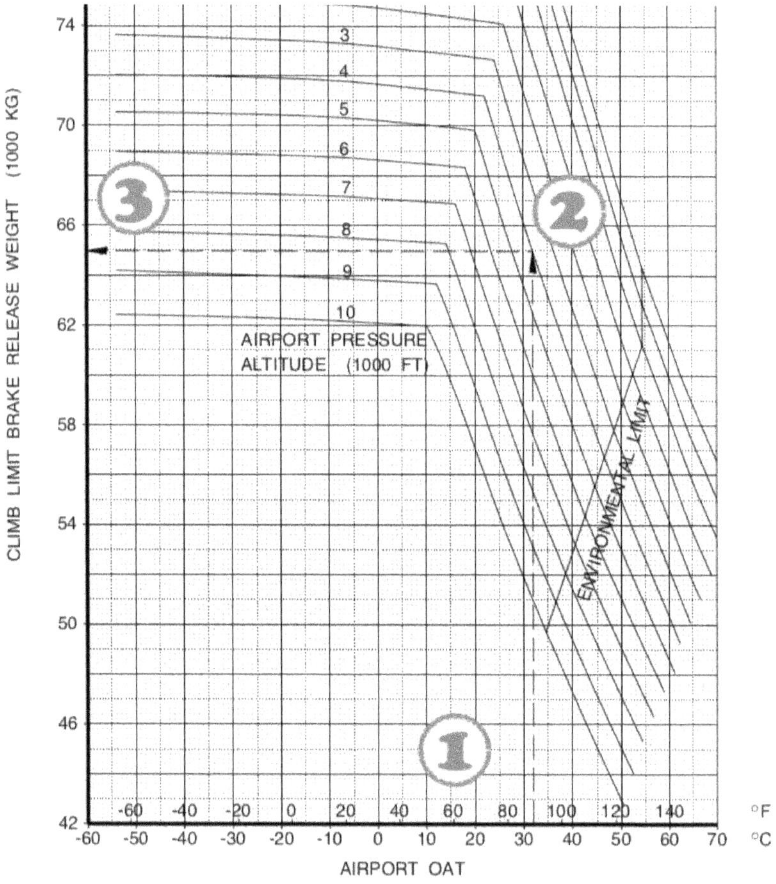

En esta nueva tabla ingresaremos por la temperatura del aeropuerto. Para nuestro ejemplo será de 32°C, tal como lo indica el punto número uno.

Desde allí trazamos una línea recta vertical hasta alcanzar la REF LINE de la altitud de presión del aeropuerto, en nuestro ejemplo es de 4000FT, tal como lo indica el punto número dos.

Una vez alcanzada la REFLINE de la altitud de presión, trazamos una línea recta horizontal hacia el margen izquierdo de la tabla donde podremos leer el valor buscado, tal como lo indica el punto número tres.

Como resultante de los datos ingresados en la tabla y para una determinada posición de Flaps, nuestro peso de despegue limitado por gradiente de ascenso será de **65000KG**.

Para entender mejor estas limitaciones, veamos una comparación con una tabla de TOW limitado por gradiente de ascenso pero con una configuración de Flaps superior. En nuestro resultado anterior, el TOW limitado por ascenso en configuración de FLAP 1 fue de 65000KG. Veamos ahora la misma tabla pero para un despegue en configuración de FLAP 25.

Temperatura: 32°C.

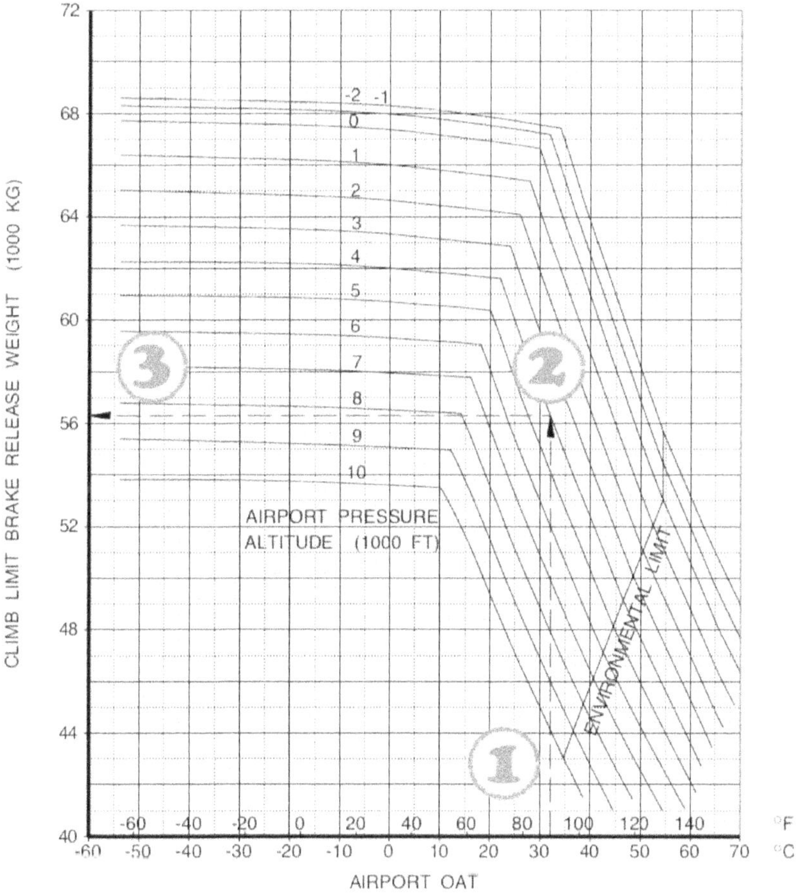

Siguiendo la secuencia numérica, tal como en la tabla anterior, la resultante del cálculo da un TOW limitado por gradiente de ascenso de **56500KG**, contra **65000KG**. Es decir, a una misma condición ambiental pero en una configuración de FLAP diferente, el **TOW podría variar en 8500KG!**

TOW por IMPROVED CLIMB

Llegando a una de las últimas tablas de la fase de despegue, nos encontramos con el cálculo del TOW por "Mejor Performance de Ascenso". Imaginemos un TOW determinado y dentro de los parámetros limites, pero ubiquemos a nuestra aeronave en una pista extremadamente larga, es decir, una pista donde la distancia TORA sea muy superior a la requerida por la aeronave para el despegue. Ante esta situación, la aeronave podría utilizar ese "adicional" de pista para incrementar su velocidad aun mas de la necesaria y obtener un mejor régimen de ascenso. De este principio o procedimiento es que llegamos al cálculo de "Improved Climb" o ascenso mejorado.

Este método es utilizado para incrementar el peso máximo de despegue únicamente cuando la limitación del mismo es por CLIMB (ascenso). Habitualmente utilizado para mejorar la performance de ascenso, y consiste en aprovechar el exceso de pista disponible para incrementar las velocidades de despegue V_1, V_R y V_2 por sobre sus valores normales, lo que permite alcanzar un mayor gradiente de trepada.

En esta tabla encontraremos dos resultados luego de finalizar con la carga de datos. Llegando hacia la izquierda de la tabla encontraremos el TOW máximo y llegando a la derecha de la tabla encontraremos los KT adicionales a agregar a cada velocidad de despegue. Veamos:

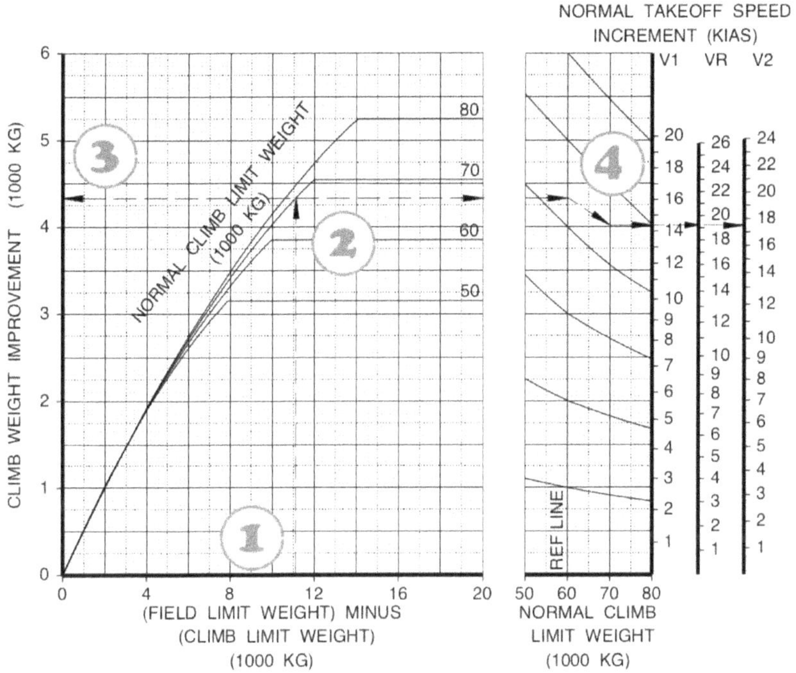

Ingresaremos al cuadro por la diferencia entre el TOW limitado por longitud de pista y el TOW limitado por Ascenso, ambos valores previamente estudiados. En nuestro ejemplo la resultante de esta resta es de 11000KG e ingresaremos por ese valor en el punto número uno. Desde allí trazamos una línea recta hasta alcanzar el valor de TOW limitado por ascenso (punto número dos). A partir de este punto, dividiremos el camino para obtener dos resultados. Trazaremos una línea recta hacia el borde izquierdo (punto número tres) donde obtendremos la cantidad de KGs extra que podríamos cargar a nuestro actual TOW. Luego trazaremos una línea recta hacia la derecha hasta la REF LINE (punto cuatro), y seguiremos su línea curva hasta cruzarnos con el valor del TOW limitado por ascenso nuevamente. Desde aquí llevamos nuestra línea recta hacia el margen izquierdo y obtendremos los KT adicionales que deberíamos sumarle a nuestras velocidades de V_1, V_R y V_2 para obtener los valores finales.

Veamos un ejemplo. Considerando las siguientes variables, busquemos los valores adicionales que podemos implementar en el peso y velocidades.

TOW limitado por longitud de pista: 77000KG

TOW limitado por ascenso: 63000KG

V_1: 130KT. V_R: 140KT. V_2:150KT.

Nivel de Vuelo Óptimo para Esperas

Al igual que los niveles o altitudes óptimas para un vuelo de crucero, también existen niveles o altitudes óptimas para volar en circuitos de espera, donde la performance del avión alcanzaría la mejor relación TIEMPO – CONSUMO.

Estos datos son de vital importancia ya que, en ocasiones, salen con el combustible mínimo requerido para realizar su vuelo y pueden no tener prevista la posibilidad de que el control de transito le requiera realizar una espera. Ante esta situación, cada aeronave debería adecuar su vuelo en el nivel o altitud mas óptima para el consumo. Para tal fin, existen diferentes tablas.

Esta, es una tabla del fabricante BOEING para volar en esperas en configuración de Flaps Retraídos. Imaginemos que nuestra aeronave tiene un peso actual de 70.000KG y el control le solicita mantener su vuelo en espera.

Para garantizar el menor consumo de combustible, ingresamos a la tabla por el peso de la aeronave, y en esta columna buscamos el menor valor de consumo, al encontrar este valor, leemos a la izquierda del mismo, la columna de la altitud óptima.

Holding Planning

Flaps Up

PRESSURE ALTITUDE (FT)	TOTAL FUEL FLOW (KG/HR)							
	WEIGHT (1000 KG)							
	85	80	75	70	65	60	55	50
41000							2110	1890
35000		3130	2800	2550	2330	2130	1940	1770
30000	3080	2860	2660	2470	2280	2090	1910	1750
25000	2980	2790	2600	2420	2230	2050	1890	1730
20000	2970	2780	2600	2430	2270	2110	1940	1780
15000	2990	2830	2650	2480	2310	2140	1980	1810
10000	3020	2840	2670	2500	2340	2180	2010	1850
5000	3030	2870	2700	2540	2370	2210	2050	1890
1500	3080	2910	2750	2590	2420	2260	2100	1950

Ahora bien, esta tabla tiene una doble finalidad. En ella también podremos averiguar cuál será el consumo previsto ante el requerimiento por parte del control, de realizar una espera en un determinado nivelo de vuelo. Imaginemos que el control requiere, obligatoriamente, realizar una espera a 30000 FT y nuestra aeronave lleva un peso actual de 65000KG.

Veamos un formato diferente del fabricante AIRBUS, quien propone una tabla similar pero con algunos valores agregados que podrían resultar de interés. Sobre una misma condición, propone obtener el valor del consumo, pero en función a la potencia aplicada, expresada en valores de N1.

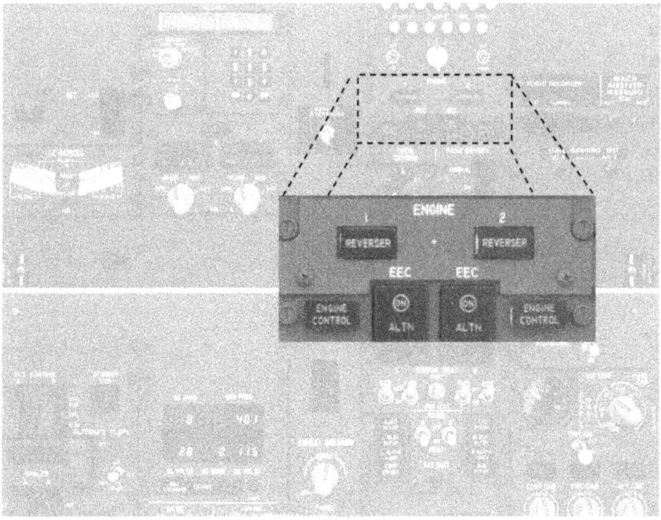

RACE TRACK HOLDING PATTERN - GREEN DOT SPEED

MAX. CRUISE THRUST LIMITS CLEAN CONFIGURATION NORMAL AIR CONDITIONING ANTI-ICING OFF	ISA CG=33.0%	N1 (%) FF (KG/H/ENG)

WEIGHT (1000KG)	FL 15	FL 50	FL100	FL140	FL180	FL200	FL220	FL250
46	45.6 890	47.9 873	51.1 839	54.0 813	57.5 794	[illegible] [illegible]	60.6 787	63.5 784
48	46.5 926	48.9 908	52.1 871	55.1 844	58.4 828	[illegible] [illegible]	61.7 821	64.7 818
50	47.4 962	49.8 940	53.0 901	56.2 876	59.4 861	[illegible] [illegible]	62.8 855	65.8 851
52	48.3 997	50.6 971	53.9 931	57.3 908	60.3 896	[illegible] [illegible]	63.9 889	66.7 884
54	49.2 1033	51.4 1002	54.9 963	58.3 942	61.3 931	[illegible] [illegible]	65.0 924	67.7 916
56	50.1 1065	52.2 1033	55.8 994	59.1 975	62.2 964	[illegible] [illegible]	66.1 955	68.6 949
58	50.8 1097	52.9 1063	56.8 1026	59.9 1008	63.2 997	[illegible] [illegible]	66.9 988	69.5 982
60	51.5 1128	53.7 1094	57.7 1059	60.7 1043	64.1 1031	[illegible] [illegible]	67.7 1021	70.4 1016
62	52.2 1158	54.5 1125	58.7 1092	61.6 1078	65.1 1065	[illegible] [illegible]	68.6 1054	71.2 1049
64	52.9 [illegible]	55.3 [illegible]	59.4 [illegible]	62.4 [illegible]	66.0 1097	67.7 1091	69.4 1087	72.1 1084
66	53.6 1219	56.1 1188	60.1 1159	63.2 1143	67.0 1129	[illegible] 1124	70.3 1120	72.9 1119
68	54.3 1250	56.9 1221	60.9 1193	64.1 1176	67.7 1162	69.3 1157	71.1 1154	73.7 1155
70	55.0 1282	57.8 1254	61.6 1228	64.9 1210	68.4 1195	70.1 1191	71.8 1188	74.6 1192
72	55.8 1314	58.6 1287	62.3 1261	65.7 1243	69.2 1228	70.8 1224	72.5 1223	75.4 1230
74	56.5 1347	59.4 1321	63.1 1294	66.6 1275	69.9 1262	71.6 1258	73.3 1258	76.1 1269
76	57.2 1380	60.2 1355	63.8 1327	67.4 1307	70.6 1296	72.3 1292	74.0 1295	76.9 1309
78	58.0 1413	60.8 1389	64.5 1360	68.2 1339	71.3 1330	73.0 1328	74.8 1332	77.6 1350

En este caso, para realizar una espera a 20000FT o nivel de vuelo FL 200, considerando un peso actual de la aeronave de 64000KG, le corresponde un consumo de 1091KG a una potencia determinada de 67.7 de indicación N1.

A diferencia de la tabla de Boeing, ésta es un poco mas precisa y acertada con el valor del consumo ya que define ese valor en función a la potencia aplicada en los motores.

Operaciones Anormales

Tal como hemos anticipado en páginas anteriores, durante la etapa de crucero se suelen prever algunos datos adicionales para operaciones anormales, como ser un motor inoperativo, o bien, volar con el tren te aterrizaje extendido por alguna falla del sistema. Estos datos son comentados en un briefing durante la etapa de crucero en la mayoría de los vuelos, y su objetivo es conocer las limitaciones de cada aeronave ante una situación tal.

Imaginemos que por alguna razón y a indicaciones del equipo de mantenimiento de la empresa, la aeronave debe realizar su vuelo con el tren de aterrizaje completamente extendido. Esta situación limitará su capacidad de volar a grandes altitudes, y sin duda alguna, aumentará su consumo. Veamos la siguiente tabla que ofrece BOEING para las operaciones con el tren de aterrizaje extendido. En este cuadro de valores podemos encontrar el nivel máximo para volar con el tren de aterrizaje extendido. Imaginemos que el peso de la aeronave es de 65000KG y la temperatura exterior es de ISA + 15°C, para esta condición la altitud máxima a volar sería de 23500 FT.

WEIGHT (1000 KG)	PRESSURE		
	ISA + 10°C & BELOW	ISA + 15°C	ISA + 20°C
85	14600	11500	8500
80	17400	14600	11700
75	20300	17600	14900
70	22800	20500	17800
65	25400	23500	20900
60	27800	26300	24400
55	30200	29000	27300
50	32300	31300	30100
45	34500	33500	32400
40	36900	36000	34900

Pasemos ahora. Nuevamente a AIRBUS. En sus manuales para la flota de A320, presenta una serie de tablas a considerar en caso de falla de motor. En principio refiere al máximo techo operativo que una aeronave debería sobrevolar con un motor inoperativo. Para obtener tal valor, encontramos la tabla de ***"One Engine Out Max Altitude"*** o altitud máxima con un motor inoperativo. Imaginemos a nuestra aeronave con un peso de 64000Kg al momento de producirse la falla de motor y una temperatura de "ISA". Ante tal situación, ingresamos al cuadro por la parte inferior, con el valor del peso. Desde allí, trazamos una línea recta hasta cruzarnos con la línea de temperatura y desde allí, una línea recta hacia la izquierda para leer el valor buscado de "One Engine Out Max Altitude".

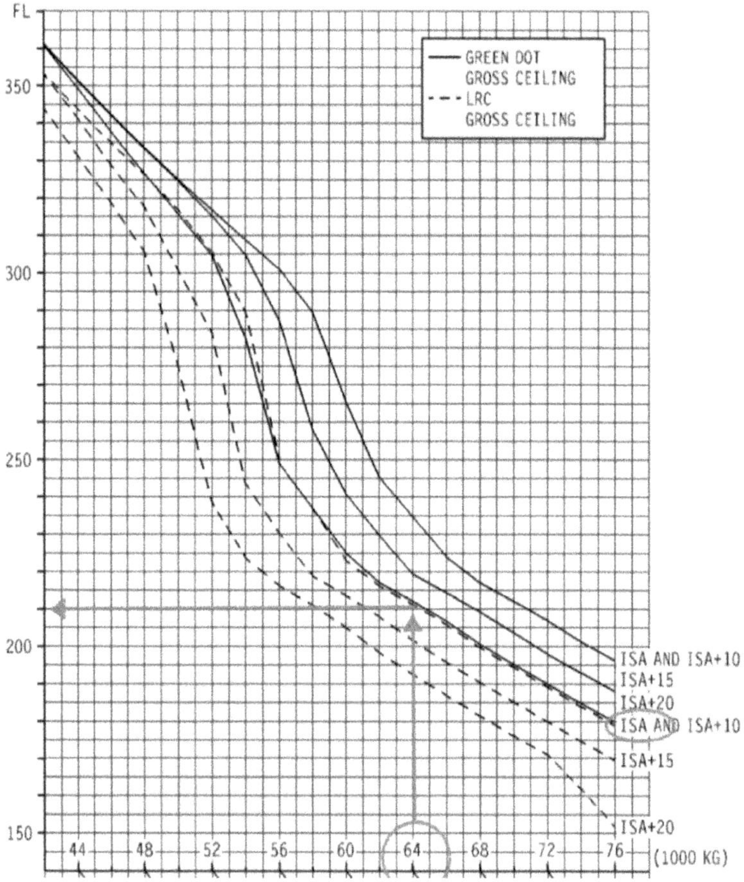

En nuestro caso en particular, el valor obtenido es de 21000FT.

Ahora bien, una vez obtenido el valor anterior, el paso siguiente es obtener los valores de velocidades óptimas y consumos a ese nivel y con un motor inoperativo. Para tal cuestión, existe una tabla de referencia. La siguiente tabla representa 4 valores para operaciones con un motor inoperativo. Obtendremos información de EPR, FUEL FLOW, MACH y IAS. En nuestro caso en particular, a FL210 y con 64000KG, podemos considerar que nuestra aeronave con un motor inoperativo, volando a una velocidad de 267KT tendrá un consumo de 2272KG. Los valores de EPR 1.418 refieren a la potencia sugerida y el valor de MACH .595 refiere a una segunda unidad de velocidad.

LONG RANGE CRUISE - 1 ENGINE OUT												
MAX. CONTINUOUS THRUST LIMITS PACK FLOW HI ANTI-ICING OFF					ISA CG=33.0%		EPR FUEL FLOW (KG/H)					MACH IAS (KT)
WEIGHT (1000KG)	FL100		FL150		FL190		FL210		FL230		FL250	
50	1.151	.430	1.236	.511	1.267	.515	1.316	.550	1.344	.556	393	.584
	1811	237	1968	258	1792	240	1841	247	1777	239	801	241
52	1.158	.435	1.240	.511	1.292	.535	1.327	.553	1.363	.567	1.412	.594
	1879	240	1987	257	1907	250	1881	248	1855	244	874	246
54	1.170	.447	1.245	.510	1.312	.550	1.338	.555	1.385	.581	1.431	.602
	1983	247	2011	257	1999	256	1925	249	1947	251	1942	249
56	1.183	.461	1.250	.510	1.323	.553	1.355	.565	1.404	.592	1.440	.600
	2098	255	2040	257	2044	258	2001	253	2024	255	1963	248
58	1.226	.510	1.260	.514	1.333	.555	1.374	.576	1.417	.595	1.444	.585
	2373	283	2095	259	2086	259	2086	259	2071	257	1952	242
60	1.233	.514	1.270	.519	1.346	.561	1.394	.588	1.420	.585	1.452	.562
	2415	285	2156	261	2145	262	2174	264	2065	252	1935	232
62	1.236	.514	1.294	.540	1.362	.570	1.410	.596	1.426	.570		
	2434	285	2287	272	2225	266	2248	268	2055	246		
64	1.239	.513	1.311	.552	1.381	.582	1.418	.595	1.435	.544		
	2454	284	2382	279	2317	272	2272	267	2037	234		
66	1.243	.513	1.322	.556	1.397	.591	1.421	.585				
	2476	284	2432	281	2399	277	2264	263				

Parámetros de Crucero

Cuando nos referimos a los parámetros del tramo de crucero, estamos hablando de la información sobre el consumo, las velocidades, las distancia y la potencia aplicada en esta etapa. Estos valores suelen dividirse en dos partes. Por un lado tenemos los cálculos para la mayor velocidad operativa (MAX SPD) y por otro lado tenemos los cálculos para lograr el mayor alcance posible (LONG RAGE). Para cada una de estas opciones, cada fabricante ha diagramado una tabla especifica. La siguiente tabla corresponde a los cálculos de MAX SPD. Aquí el fabricante ofrece la tabla para una velocidad de MACH 0.78 o M.78 como indica el punto uno. En el punto dos encontramos la información que provee la tabla. En los puntos tres y cuatro, los datos de ingreso, para nuestro caso será un peso de 58000KG a FL370.

CRUISE - M.78												
MAX. CRUISE THRUST LIMITS NORMAL AIR CONDITIONING ANTI-ICING OFF							ISA+20 CG=33.0%		EPR KG/H/ENG NM/1000KG		MACH IAS (KT) TAS (KT)	
WEIGHT (1000KG)	FL290		FL310		FL330		FL350		FL370		FL390	
50	1.220 1352 178.0	.780 302 481	1.227 1245 191.8	.780 289 477	1.235 1151 205.7	.780 277 474	1.250 1081 217.2	.780 264 470	1.269 1028 227.3	[illegible] [illegible] 468	[illegible] [illegible] 237.1	.780 241 468
52	1.222 1357 177.4	.780 302 481	1.229 1251 190.8	.780 289 477	1.240 1165 203.3	.780 277 474	1.256 1099 213.8	.780 264 470	1.278 1046 223.5	.780 252 468	1.310 1006 232.3	.780 241 468
54	1.224 1363 176.6	.780 302 481	1.232 1259 189.7	.780 289 477	1.245 1181 200.5	.780 277 474	1.263 1117 210.2	.780 264 470	1.288 1065 219.6	.780 252 468	1.324 1033 226.2	.780 241 468
56	1.226 1369 [illegible]	.780 302 481	1.236 1271 187.8	.780 289 477	1.251 1198 197.7	.780 277 474	1.270 1137 206.6	.780 264 470	1.299 1084 215.6	.780 252 468	1.341 1068 218.9	.780 241 468
58	[illegible] [illegible] 174.9	.780 302 481	1.240 1286 185.6	.780 289 477	1.256 1216 194.8	.780 277 474	1.279 1155 203.4	.780 264 470	1.311 1106 211.4	.780 252 468		
60	1.731 1385 173.8	.780 302 481	1.745 1303 183.3	.780 289 477	1.263 1235 191.7	.780 277 474	1.288 1174 200.1	.780 264 470	1.325 1135 206.0	.780 252 468		
62	1.235 1397 172.3	.780 302 481	1.250 1320 180.9	.780 289 477	1.269 1255 188.7	.780 277 474	1.298 1193 196.8	.780 264 470	1.341 1170 199.8	.780 252 468		

Según la tabla, volando a FL370 con un peso de 58000KG, obtendremos los siguientes valores:

EPR: 1.311 MACH: .78

KG/H/ENG: 1106

264	1084	252	1068
470	215.6	468	218.9
780	1.311	.780	
264	1106	252	
470	211.4	468	
780	1.325	.780	
264	1135	252	
470	206.0	468	

NM/1000KG: 211.4.
IAS: 252KT. TAS:468KT.

Tiempo y Consumo

En la actualidad los cálculos de tiempos y consumos durante el vuelo son provistos por los sistemas automatizados de vuelo conocidos como computadoras de vuelo o “FMC Flight Management Computer”. Estos sistemas proveen a la tripulación con diversa cantidad de información, entre la mas valiosa los tiempos y consumos a los diferentes puntos de notificación o bien al destino.

Pero consideremos que las FMC de cada aeronave estuviesen fuera de servicio, es aquí donde entrarían en juego las antiguas tablas para realiza estos cálculos y obtener resultados similares, quizás algo menos precisos pero bastante acertados.

Cada fabricante provee a la tripulación con una serie de tablas que determinan diversos cálculos, en este caso en particular, veremos las tablas para el cálculo del “Trip Fuel and Time” o combustible de viaje y tiempos. Para tal efecto, el fabricante debe considerar las diferentes situaciones posibles durante un vuelo de crucero, y para cada situación debería confeccionar una determinada tabla.

A continuación veremos una tabla especifica para la etapa de crucero en configuración de LONG RANGE CRUISE, volando a .78M y con un rango de distancia prevista a recorrer de entre 200NM y 1000NM.

Long Range Cruise Trip Fuel and Time

200 to 1000 NM

Based on 280/.78 climb and .78/280/250 descent

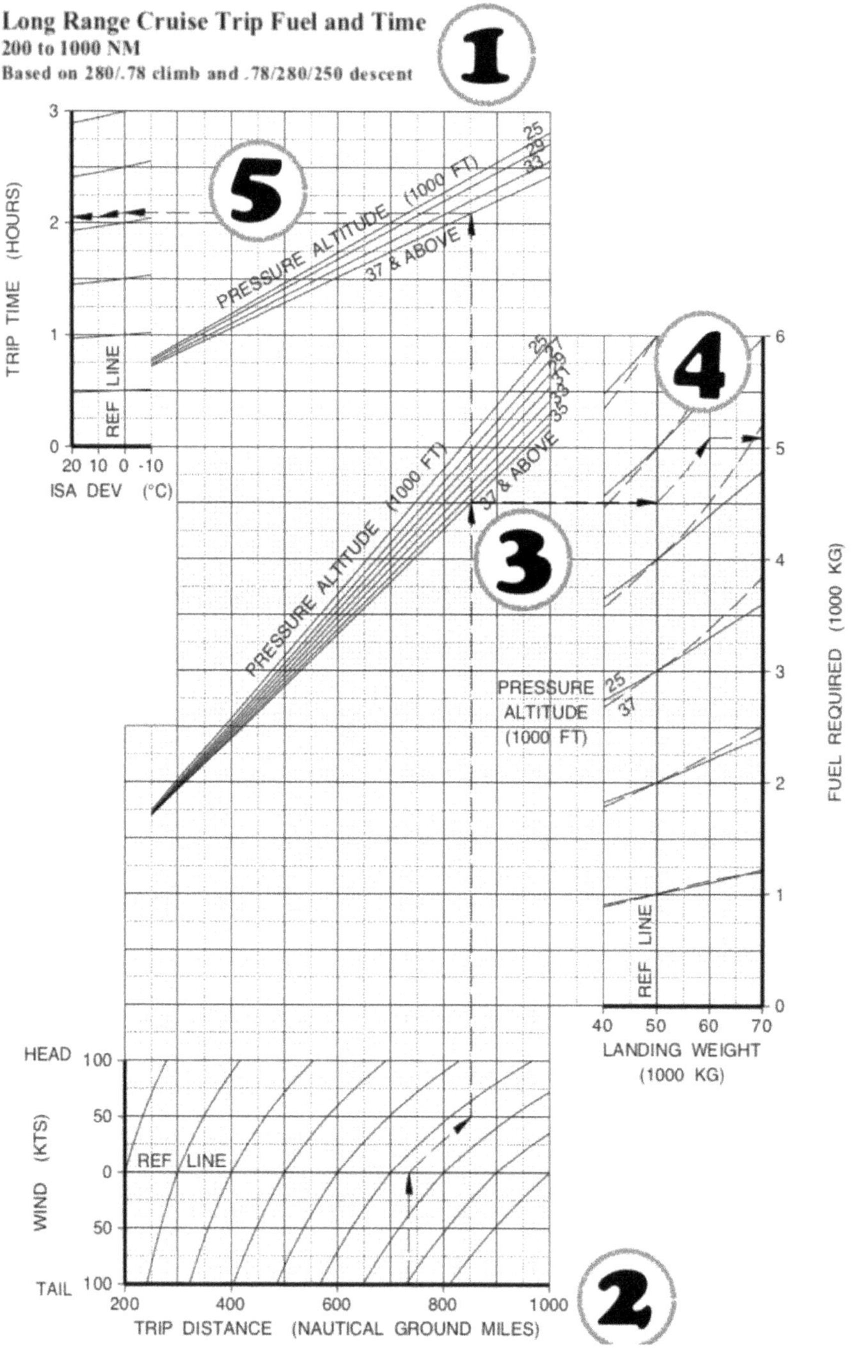

Como podemos observar en el punto número uno encontramos una descripción de la tabla y su respectiva limitación. En este caso, se trata de una tabla especifica para cálculos a velocidades de .78M y distancias desde 200NM a 1000NM.

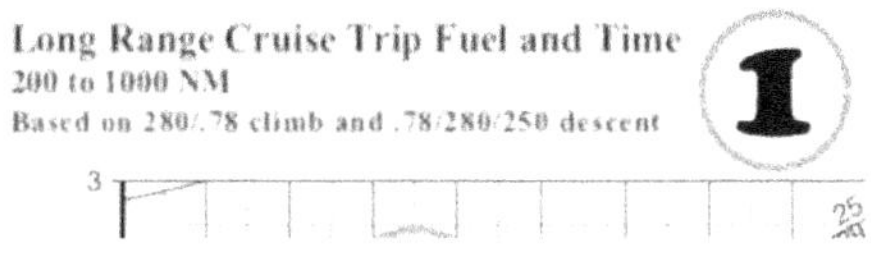

Ya en el punto número dos, ingresaremos a la tabla por los valores de distancias a recorrer y el viento actual. En nuestro ejemplo el avión debe recorrer una distancia de 730NM y a su FL existen una condición de viento de 50KT de frente.

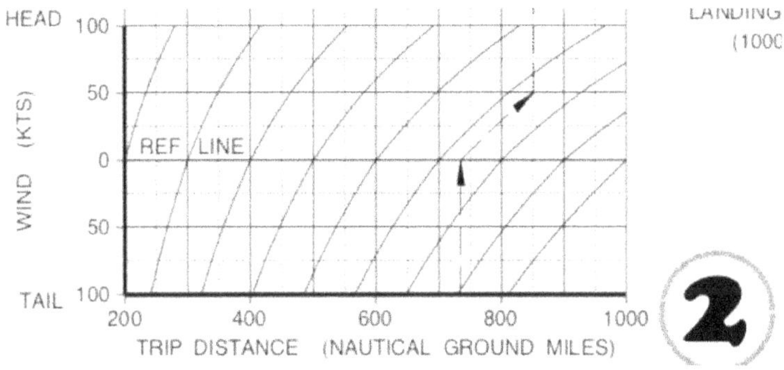

Desde la distancia trazamos una línea recta hasta la REF LINE del viento y desde allí, una línea curva paralela a la referencia hasta la intensidad de viento (50KT).

Desde aquí, pasamos al punto número tres. Trazamos una línea recta vertical hacia la línea que corresponda a la altitud de presión de nuestro vuelo.

En nuestro caso en particular, el vuelo se desarrolla a FL370, es decir a 37000FT. En este punto en particular, la tabla se divide en dos secciones, y cada línea o flecha seguirá un camino diferente. Por un lado, la referencia que siga hacia la derecha, buscará el valor del combustible requerido para recorrer la distancia indicada. Por otro lado, la referencia que siga hacia arriba y luego hacia la izquierda, buscará el valor que indique el tiempo de vuelo para recorrer la distancia deseada. Veamos:

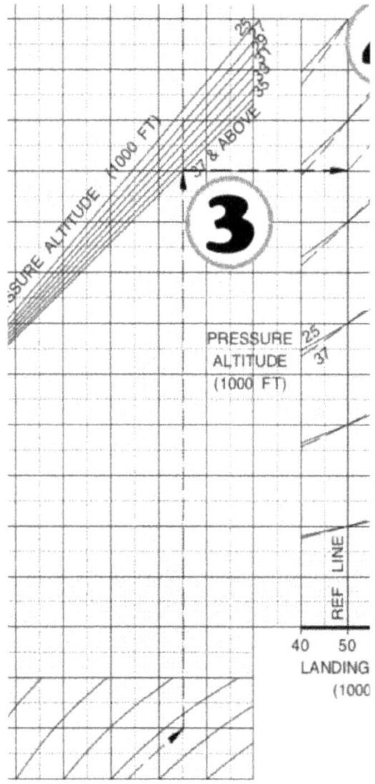

Desde el punto número tres, trazamos una línea recta hacia la derecha hasta la REFLINE, desde allí una línea curva paralela a la referencia hasta el final y leemos el valor buscado. En este caso el combustible requerido para volar las 730NM será de 5100Kg aproximadamente. Guardemos este valor para mas tarde y pasemos al punto número cinco pero desde el número tres, donde se produjo la división de secciones.

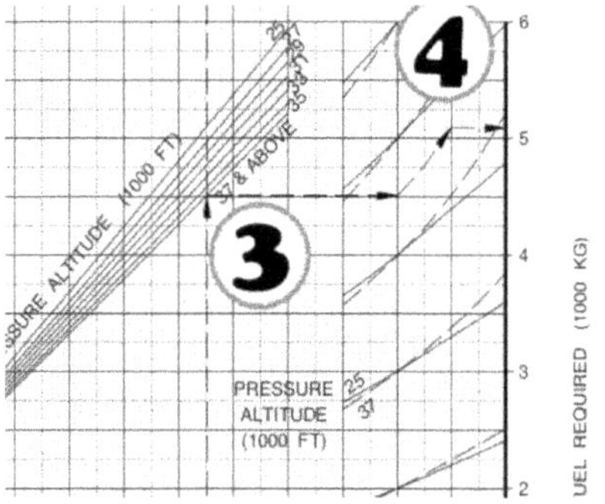

Busquemos ahora el próximo valor, el tiempo de vuelo. Desde el punto número tres, continuamos una línea recta similar a la anterior, hasta el valor de altitud de presión de 37000FT. Desde allí, una línea recta hasta la REFLINE de la temperatura y continuamos con una línea curva paralela a la referencia hasta el margen izquierdo donde leeremos el valor final. En nuestro caso en particular será de aproximadamente 2 horas.

Resumiendo los pasos anteriores, hemos obtenido lo resultados que indican que para volar una distancia de 730 NM en las condiciones mencionadas, se necesitaría una cantidad aproximada de combustible de 5000KG y el tiempo de vuelo para recorrer tal distancia seria aproximadamente de 2 horas. Tal como mencionamos al inicio, estos resultados suelen ser bastante precisos pero no exactos ya que, si bien las tablas están confeccionadas en tablas milimetradas, los valores pueden sufrir alteraciones dependiendo de los trazos de cada lápiz y de la correcta diagramación de las líneas guías.

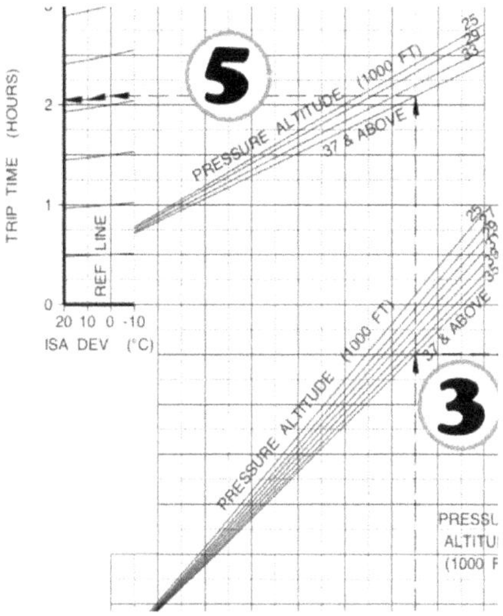

Distancia de Aterrizaje

Uno de los valores mas importantes a conocer, previo al aterrizaje, es la conocida como Distancia de Aterrizaje o Landing Distance LD, pero no debemos confundir este valor con la distancia disponible de aterrizaje o LDA, la cuál, es un valor fijo de cada pista, tal como hemos visto al inicio de este manual.

Para obtener la LD, se deberán tener en cuenta algunas variables como:

- La configuración del avión.

- La condición de pista, seca o mojada.
- La acción de frenado reportada de la superficie del asfalto.
- La configuración del sistema de frenado.

Adicionalmente al valor obtenido con las variables anteriores, se deben considera ajustes de valores por variables secundarias como:

- Peso.
- Altitud.
- Viento.
- Pendiente.
- Temperatura.

Veamos un ejemplo detallado de una tabla de cálculo de LD del fabricante BOEING para su flota de 737:

Runway DRY
Flap 15

	LANDING DISTANCE AND ADJUSTMENTS (M)								
	REFERENCE DISTANCE	WEIGHT ADJUSTMENT	ALTITUDE ADJ	WIND ADJ PER 10 KTS		SLOPE ADJ PER 1%		TEMP ADJ PER 10°C	
BRAKING CONFIGURATION	60000 KG LANDING WEIGHT	PER 5000 KG ABOVE/BELOW 60000 KG	PER 1000 FT STD/HIGH*	HEAD WIND	TAIL WIND	DOWN HILL	UP HILL	ABOVE ISA	BELOW ISA
MAX MANUAL	945	70/-55	20/25	-35	115	10	-10	20	-20
MAX AUTO	1225	70/-70	25/35	-45	145	5	-5	30	-30
AUTOBRAKE 3	1745	120/-115	45/60	-75	250	5	-5	45	-45
AUTOBRAKE 2	2240	170/-170	65/85	-100	340	35	-40	65	-65
AUTOBRAKE 1	[illegible]	[illegible]	[illegible]	-115	400	65	-70	70	-70

Good Reported Braking Action

MAX MANUAL	1310	85/-80	35/45	-55	200	30	-25	30	-30
MAX AUTO	1445	90/-85	35/45	-60	205	30	-25	35	-35
AUTOBRAKE 3	1750	120/-115	45/60	-75	250	10	-10	45	-45
AUTOBRAKE 2	2240	170/-170	65/85	-100	340	35	-40	65	-65

Medium Reported Braking Action

MAX MANUAL	1800	135/-130	55/70	-90	330	75	-60	45	-45
MAX AUTO	1885	135/-130	55/75	-90	330	80	-60	45	-50
AUTOBRAKE 3	1935	140/-135	55/75	-95	340	60	-40	50	-50
AUTOBRAKE 2	2290	175/-170	70/90	-110	385	60	-55	65	-65

Poor Reported Braking Action

MAX MANUAL	2360	220/-180	75/105	-135	520	190	-125	65	-65
MAX AUTO	2450	190/-180	75/105	-135	520	190	-125	65	-65
AUTOBRAKE 3	2450	190/-180	75/105	-135	520	185	-120	65	-65
AUTOBRAKE 2	2545	200/-195	80/110	-145	540	170	-110	70	-70

Comenzando por el punto número uno, encontramos la información relativa a la configuración de frenado planificado para el aterrizaje y a la acción de frenado del asfalto reportado por el aeropuerto. En la mayoría de las aeronaves pesadas, la configuración de frenado suele ser automática y en tres o cuatro posiciones diferentes o bien manual en una única opción posible, la intensidad con la que el piloto accione los frenos. Respecto de la acción de frenado de la superficie del asfalto, suele describirse en tres: buena, media y pobre, aunque no siempre esta acción de frenado es reportada por el ATIS o bien el control de transito. En tal caso, se tomaría la primera sección, donde no se detalla ninguna acción de frenado.

Para continuar con cada punto, imaginemos que no existe indicación de acción de frenado y vemos solo la parte superior de la tabla.

En el punto número dos encontramos la distancia de aterrizaje de referencia para un peso estándar de 60000KG. Esta indicación solo servirá de referencia para sumarle los ajustes correspondientes por peso adicional y demás variables que aquí veremos.

Runway DRY Flap 15	LANDING DISTANCE AND ADJUSTMENTS (M)								
1	REFERENCE DISTANCE	WEIGHT ADJUSTMENT	ALTITUDE ADJ	WIND ADJ PER 10 KTS		SLOPE ADJ PER 1%		TEMP ADJ PER 10°C	
BRAKING CONFIGURATION	60000 KG LANDING WEIGHT	PER 5000 KG ABOVE/BELOW 60000 KG	PER 1000 FT STD/HIGH*	HEAD WIND	TAIL WIND	DOWN HILL	UP HILL	ABOVE ISA	BELOW ISA
MAX MANUAL	945	70/-55	20/25	-35	115	10	-10	20	-20
MAX AUTO	1225	70/-70	25/35	-45	145	5	-5	30	-30
AUTOBRAKE 3	1745	120/-115	45/60	-75	250	5	-5	45	-45
AUTOBRAKE 2	2240	170/-170	65/85	-100	340	35	-40	65	-65
AUTOBRAKE 1	[illegible]	[illegible]	[illegible]	-115	400	65	-70	70	-70
	2	3	4	5		6		7	

Ya en e punto número tres, inician los ajustes, en este caso ajuste por peso. Según la tabla, se deberá ajustar por cada 5000KG por encima de 60000KG sumando el valor indicado, y por debajo de 60000KG restando el valor indicado. Veamos un ejemplo: Para una configuración de frenado manual, corresponde una LD de referencia de 945 metros, suponiendo que nuestro peso previsto es de 65000KG, deberíamos considerar el valor de la primera fila de ajuste de peso que es de 70/-55. Como en nuestro caso debemos sumarle por estar por encima de 60000KG, a los 945 metros le sumaremos 70 metros y obtendremos un valor final de 1015 metros corregidos por peso. Si hubiésemos tenido un peso de 55000KG, deberíamos restarle 55 metros a los 945 iniciales y tendríamos una distancia de aterrizaje corregida por peso de 895 metros.

Lo mismo sucederá con el punto número cuatro, con la salvedad de que únicamente sumaremos el valor que indique la columna, al resultado anterior. Cabe destacar que cada columna se deberá ir sumando al resultado de la columna anterior, en este caso al valor obtenido por la corrección del peso, para lograr llegar al final del cálculo habiendo realizado todos los ajustes por cada variable que haya influido en el cálculo. Tomemos el resultado anterior de 1015 metros y consideremos que la pista se encuentra a 2000 FT de altura con respecto del nivel del mar. En este caso deberíamos sumarle 40 metros al valor anterior de 1015, ya que según la tabla se suman 20 metros por cada 1000FT. Valor final 1055 metros.

Runway DRY Flap 15	LANDING DISTANCE AND ADJUSTMENTS (M)								
(1)	REFERENCE DISTANCE	WEIGHT ADJUSTMENT	ALTITUDE ADJ	WIND ADJ PER 10 KTS		SLOPE ADJ PER 1%		TEMP ADJ PER 10°C	
BRAKING CONFIGURATION	60000 KG LANDING WEIGHT	PER 5000 KG ABOVE/BELOW 60000 KG	PER 1000 FT STD/HIGH*	HEAD WIND	TAIL WIND	DOWN HILL	UP HILL	ABOVE ISA	BELOW ISA
MAX MANUAL	945	70/-55	20/25	-35	115	10	-10	20	-20
MAX AUTO	1225	70/-70	25/35	-45	145	5	-5	30	-30
AUTOBRAKE 3	1745	120/-115	45/60	-75	250	5	-5	45	-45
AUTOBRAKE 2	2240	170/-170	65/85	-100	340	35	-40	65	-65
AUTOBRAKE 1	[illegible]	2[illegible]5	[illegible]	-115	400	65	-70	70	-70
	(2)	(3)	(4)	(5)		(6)		(7)	

Llegados al punto cinco, es el turno de la corrección por componente de viento donde deberemos sumarle o restarle a nuestro valor anterior de 1055 metros. Imaginemos que tenemos una componente de viento de frente de 20 KT. En este caso en la sección de HEAD WIND indica que debemos restarle 35 metros por cada 10KT de viento de frente que tengamos. En nuestro caso deberíamos restarle 70 metros a los 1055 anteriores para obtener el valor corregido por componente de viento. El resultado será de 985, valor a tener en cuenta para el cálculo de la próxima columna.

Similar al punto anterior, el punto número seis se divide en dos columnas, una para pendiente negativa de pista y otra para pendiente positiva de pista. Imaginemos que para nuestro cálculo sabemos que la pista posee una pendiente de -2%. En este caso deberíamos sumarle 20 metros a nuestro valor anterior de 985 y obtendremos el resultado parcial de 1005 metros, corregido por pendiente de pista.

Runway DRY Flap 15 (1)	LANDING DISTANCE AND ADJUSTMENTS (M)								
	REFERENCE DISTANCE	WEIGHT ADJUSTMENT	ALTITUDE ADJ	WIND ADJ PER 10 KTS		SLOPE ADJ PER 1%		TEMP ADJ PER 10°C	
BRAKING CONFIGURATION	60000 KG LANDING WEIGHT	PER 5000 KG ABOVE/BELOW 60000 KG	PER 1000 FT STD/HIGH*	HEAD WIND	TAIL WIND	DOWN HILL	UP HILL	ABOVE ISA	BELOW ISA
MAX MANUAL	945	70/-55	20/25	-35	115	10	-10	20	-20
MAX AUTO	1225	70/-70	25/35	-45	145	5	-5	30	-30
AUTOBRAKE 3	1745	120/-115	45/60	-75	250	5	-5	45	-45
AUTOBRAKE 2	2240	170/-170	65/85	-100	340	35	-40	65	-65
AUTOBRAKE 1	[illegible]	[illegible]	[illegible]	-115	400	65	-70	70	-70
	(2)	(3)	(4)	(5)		(6)		(7)	

Por último llegamos al punto número siete, la corrección por temperatura ambiente. Imaginemos que en nuestro destino existe una temperatura de 20°C, en este caso le corresponde la columna de ABOVE ISA por estar encima de los 15°C y deberíamos sumarle el primer valor de 20 metros a los 1005 metros obtenidos anteriormente, siendo 1025 metros totales. Como resultado final para un aterrizaje en pista seca, con Flaps 15, en configuración de frenado manual, con 65000KG, pista a 2000FT, componente de viento de frente de 20KT, pendiente de -2% y una temperatura de 20°C, obtendremos una LD corregida de ***1025 metros finales!***

Continuemos con otro ejemplo, pero ahora con una tabla diferente del fabricante AIRBUS para su flota de A320:

Si bien los cálculos de BOEING y AIRBUS son similares, presentan algunas salvedades. En este caso, AIRBUS propone corregir las distancias por algunas otras variables pero sumando o restando un determinado porcentaje del valor de referencia, a diferencia de BOEING que propone sumar o restar una determinada cantidad de metros. Ingresaremos a la tabla por el peso actual previsto para el aterrizaje, tal como lo indica el punto número uno. Imaginemos que es de 62000KG. Luego, en el punto número dos, debemos definir su la pista esta seca o mojada. Si fuese pista seca el valor seria de 840 metros y si fuese pista mojada seria de 1180 metros, pero en este caso deberíamos considerar que clase de pista mojada nos encontramos.

ACTUAL LANDING DISTANCE (METERS)											
1	WEIGHT (1000 KG)		46	50	54	58	62	66	70	74	78
2	DRY		700	730	770	800	840	910	990	1080	1170
	WET		920	980	1040	1110	1180	1240	1320	1390	1460
RUNWAY CONDITION	3 COVERED WITH	6.3 MM (1/4INCH) WATER	1220	1300	1380	1480	1590	1700	1810	1930	2020
		12.7 MM (1/2INCH) WATER	1190	1260	1340	1430	1530	1630	1730	1840	1930
		6.3 MM (1/4INCH) SLUSH	1180	1260	1340	1420	1500	1580	1670	1770	1860
		12.7 MM (1/2INCH) SLUSH	1150	1220	1300	1370	1450	1530	1610	1700	1780
		COMPACTED SNOW	1190	1270	1340	1410	1480	1550	1620	1700	1750
		ICE	2570	2690	2820	2950	3090	3230	3370	3510	3620

CORRECTIONS

4	CORRECTION ON ACTUAL LANDING DISTANCE							
	dry runway	wet runway	runway covered with					
			1/4 inch water	1/2 inch water	1/4 inch slush	1/2 inch slush	compacted snow	ice
per 1000 ft above SL	+ 3 %	+ 3 %	+ 4 %	+ 4 %	+ 5 %	+ 4 %	+ 3 %	+ 4 %
per 10 kt headwind	No correction for headwind due to wind correction on approach speed							
per 10 kt tailwind	+ 18 %	+ 21 %	+ 23 %	+ 21 %	+ 22 %	+ 20 %	+ 18 %	+ 31 %
forward C.G.	+ 2 %	+ 3 %	+ 3 %	+ 3 %	+ 3 %	+ 3 %	+ 3 %	+ 3 %

Imaginemos que la pista, además de estar mojada, se encuentra cubierta por 6mm de agua, para este caso la LD parcial seria de 1590.

Ahora bien, en el punto número cuatro debemos realizar las correcciones. En este caso, AIRBUS propone corregir la distancia parcial de aterrizaje según las siguientes variables: Elevación de la pista; Viento de frente o de cola; Ubicación del CG; Reversores inoperativos.

CORRECTIONS

4	CORRECTION ON ACTUAL LANDING DISTANCE							
	dry runway	wet runway	runway covered with					
			1/4 inch water	1/2 inch water	1/4 inch slush	1/2 inch slush	compacted snow	ice
per 1000 ft above SL	+ 3 %	+ 3 %	+ 4 %	+ 4 %	+ 5 %	+ 4 %	+ 3 %	+ 4 %
per 10 kt headwind	No correction for headwind due to wind correction on approach speed							
per 10 kt tailwind	+ 18 %	+ 21 %	+ 23 %	+ 21 %	+ 22 %	+ 20 %	+ 18 %	+ 31 %
forward C.G.	+ 2 %	+ 3 %	+ 3 %	+ 3 %	+ 3 %	+ 3 %	+ 3 %	+ 3 %
2 reversers operative	-3 %	-8 %	-10 %	-10 %	-9 %	-8 %	-8 %	-24 %

Volvamos a nuestro ejemplo, donde hasta ahora nuestra distancia de aterrizaje es de 1590. Imaginemos ahora que la pista se encuentra a 2000FT de elevación con respecto del nivel del mar, por lo que le correspondería una corrección del 8% adicional, es decir, deberíamos sumarle 127 metros a los 1590, dando como resultante parcial un total de 1717 metros. Imaginemos ahora que nos encontramos con una componente de viento de cola de 10KT y que la aeronave posee sus reversores operativos. Para tal caso, deberíamos sumarle a los 1717 el 23% por el viento de cola, es decir, 1717 + 395 = 2112 metros. Y por último a este parcial deberíamos restarle un 10% por contar con sus reversores, es decir, a 2112 le restamos 211 y como resultado final nuestra Landing Distance corregida por las variables será de 1901 metros.

Aviation Bookstore
aviation step by step

Aviation Bookstore
aviation step by step

www.ingramcontent.com/pod-product-compliance
Lightning Source LLC
LaVergne TN
LVHW051927051126
851857LV00020B/2053
* 9 7 9 8 1 8 2 7 2 4 6 8 5 *